建设行业专业技术人员继续教育培训教材

AGR 管生产与应用技术

建设部人事教育司
建设部科学技术司
建设部科技发展促进中心

中国建筑工业出版社

图书在版编目(CIP)数据

AGR管生产与应用技术/建设部人事教育司，建设部科学技术司，建设部科技发展促进中心．—北京：中国建筑工业出版社，2007

建设行业专业技术人员继续教育培训教材

ISBN 978-7-112-09582-7

Ⅰ. A… Ⅱ. ①建…②建…③建… Ⅲ. 朔料管材：建筑材料-技术培训-教材 Ⅳ. TU532

中国版本图书馆CIP数据核字(2007)第122441号

建设行业专业技术人员继续教育培训教材

AGR管生产与应用技术

建设部人事教育司

建设部科学技术司

建设部科技发展促进中心

*

中国建筑工业出版社出版、发行(北京西郊百万庄)

各地新华书店、建筑书店经销

北京华艺制版公司制版

北京市彩桥印刷有限责任公司印刷

*

开本：787×1092毫米 1/16 印张：4¼ 字数：110千字

2007年9月第一版 2007年9月第一次印刷

印数：1—4500册 定价：**18.00**元

ISBN 978-7-112-09582-7

(16246)

(邮政编码 100037)

由超微粒子的亚克力（Acrylic ester，丙烯酸树脂）弹性体充分融合在聚氯乙烯分子之中，以化学结合方式制成的新型材料——AGR，充分发挥了两种材料的优势，具有优异的抗冲击性能和耐低温性能（≤-10℃以下），被称为“塑料钢管”。AGR管用作城镇供水管网和建筑物内给水管道是一种安全卫生、稳定可靠、使用寿命长、耐低温、抗冲击的首选给水管材之一。本书介绍了AGR管的性能、设计和施工及注意事项，可供建筑、住宅，特别是大型工业与民用建筑的决策、研究、设计、施工、验收和管理人员参考。

*　　*　　*

责任编辑：俞辉群
责任设计：赵明霞
责任校对：安　东　王　爽

《建设部第二批新技术、新成果、新规范培训教材》编委会

《AGR管生产与应用技术》编审人员名单

主　　编　［日］高山慎儿

副 主 编　［日］桥本真幸

主　　审　王真杰

编写人员　孙慧丽　马永辉

总 策 划　张庆风　何任飞

策　　划　任　民　毕既华

序

科技成果推广应用是推动科学技术进入国民经济建设主战场的重要环节，也是技术创新的根本目的。专业技术培训是加速科技成果转化为先进生产力的重要途径。为贯彻落实党中央提出的："我们必须抓住机遇，正确驾驭新科技革命的趋势，全面实施科教兴国的战略方针，大力推动科技进步，加强科技创新，加强科技成果向现实生产力转化，掌握科技发展的主动权，在更高的水平上实现技术跨越的"指示精神，受建设部人事教育司和科技司的委托，建设部科技发展促进中心负责组织了第一批新技术、新成果、新规范培训科目教材的编写工作。该项工作得到了有关部门和专家的大力支持，对于引导专业技术人员继续教育工作的开展、推动科技进步、促进建设科技事业的发展起到了很好的作用，受到了各级管理部门的欢迎。2002年我中心又接受了第二批新技术、新成果、新规范培训教材的编写任务。

本次建设部科技发展促进中心在组织编写新技术教材工作时，着重从近几年《建设部科技成果推广项目汇编》中选择出一批先进、成熟、实用，符合国家、行业发展方向，有广阔应用前景的项目，并组织技术依托单位负责编写。该项工作得到很多大专院校、科研院所和生产企业的高度重视，有些成立了专门的教材编写小组。经过一年多的努力，绝大部分已交稿，完成了近300余万字编写任务，即将陆续出版发行。希望这项工作能继续对行业的技术发展和专业人员素质的提高起到积极的促进作用，为新技术的推广做出积极贡献。

在《新技术、新成果、新规范培训科目目录》的编写过程中以及已完成教材的内容审查过程中，得到了业内专家们的大力支持，谨在此表示诚挚的谢意！

建设部科技发展促进中心

《建设部第二批新技术、新成果、新规范培训教材》编委会

二〇〇三年九月十六日

前　　言

水是所有生物生命之源，是所有生物生理活动的基础。供水工程是城市的重要基础设施，供水管网是城市的血脉，城市供水管道相当于人体血管，有着悠久的历史，塑料管的出现，使供水管道取得了革命性的改变。

塑料材料为人类社会的发展做出了巨大贡献。塑料管克服了以往曾广泛使用的金属管道的腐蚀问题。另外，其重量轻、易施工，特别是口径小于400mm的管材更经济，是塑料供水管的发展主体。至今新材料、新产品从不间断地在开发。塑料材料未来的发展趋势必然将不断满足社会的需求。

随着我国社会经济的快速增长，人们对城市供水管网和建筑给水管道系统安全可靠性的追求也在不断变化，对管材的需求从水的基本输送，变为输送更加洁净的饮用水，并要求管道不渗漏、50 年以上的耐用寿命、优异的耐地基下沉或地震位移的安全性。AGR 给水管道是用亚克力共聚聚氯乙烯树脂制作的管材和管件，是满足以上需求的材料之一，同时还具有优异的耐低温性能（≤-10℃以下）。

按照建设部《关于编写建设部新技术培训教材的通知》（建发推字［2002］第 029 号文）的要求，针对国际化城市供水管网基础设施和建筑给水管道系统出现的新概念，结合编者多年的从业经验，根据建设部行业标准《给水用亚克力共聚聚氯乙烯管材、管件》（CJ/T 218—2005），编写了这本教材。教材较系统地论述了 AGR 管的原料制造原理；管材、管件的生产技术和性能；管道系统的设计方法、施工操作要求和验收方法的各个环节。另外，在最后的附录中归纳了现场施工的注意事项，将有效地促进现场作业人员技术水平的提高。本教材的编写与出版，希望能有助于推动我国给水管道系统技术的发展与进步。

本教材的编写、出版过程中还得到了建设部人事教育司等有关部门领导和专家的支持，在此表示衷心感谢。由于时间仓促，错误或不当之处，望读者批评指正。

编　者

2007 年 1 月

目 录

第1章　国际上塑料管道发展状况

1.1　国外塑料管道应用

塑料管道的发展起源于20世纪40年代，随着经济的发展，工业化进程的加快，塑料管道在20世纪70年代到20世纪末的30年时间内获得迅速发展，应用领域不断扩大，而且技术也日趋成熟，目前进入稳定增长时期。塑料管道的应用领域包括城乡供水、城镇排水、建筑给水、建筑排水、热水供应、供热采暖、建筑雨水、城市燃气、农业排灌、电线与电讯套管以及工业流体输送等。

塑料管道在整个管道市场中的份额正在不断上升。据比利时的有关文献报道，2002年全球管道市场总需求量为1120万km，并预测到2006年为1350万km，年增长率超过40%。同时，2002年全球塑料管道需求量为450万km，约占管道总需求量的40%；预测2006年塑料管市场需求量将达595万km，约占管道总需求量的44%。其中塑料管道市场的年增长率超过7%。

国际上塑料管道发展近70年以来，市场基本成熟，市场应用领域和份额基本清晰。据2004年第12届国际塑料管会议中的有关报道，2003年欧洲塑料管道总计用量为250万t，其中聚氯乙烯管道约占62%（155万t），聚乙烯管道占33.5%（83.75万t），聚丙烯管道占4.5%（11.25万t）。1997年东西欧24个国家7种塑料管道市场的情况见表1-1。2000年欧洲热塑性塑料管市场情况见表1-2。

1997年东西欧24个国家7种塑料管的市场（单位：t）　　**表1-1**

	HDPE/MDPE	LDPE	XLPE	PB	PP	ABS	PVC	合计	比率（%）
燃气	106530	0	0	0	0	0	2000	108530	4.8
饮用水	249900	10315	0	0	0	0	162500	422715	18.7
工业	27950	3100	0	0	30340	3230	14660	79280	3.5
农业	15400	89155	0	0	0	0	54660	159215	7.0
护套管	50270	9730	0	0	8000	0	89580	157580	7.0
采暖/室内用管	4900	0	26005	5690	24995	0	1500	63090	2.8

续表

	HDPE/MDPE	LDPE	XLPE	PB	PP	ABS	PVC	合计	比率（%）
污水/排水管	165090	5700	0	0	46960	6805	1048350	1273905	56.2
总计	620040	118000	26005	5690	110295	10035	1373250	2264315	100
比率（%）	27.4	5.2	1.1	0.3	4.9	0.4	60.6	100	

注：HDPE—高密度聚乙烯；MDPE—中密度聚乙烯；LDPE—低密度聚乙烯；XLPE—交联聚乙烯；PB——聚丁烯；PP——聚丙烯；ABS——丙烯腈；PVC——聚氯乙烯。

2000 年欧洲国家塑料管的市场分布（单位：t）　　表 1-2

	HDPE/MDPE	LDPE	XLPE	PB	PP	ABS	PVC	总计	比率（%）
燃气	155000	0	156000	0	0	0	205000	375600	14.4
饮用水	238000	15000	96000	0	0	0	13000	275600	10.6
工业	25900	43000	0	0	33000	3400	103000	169600	6.5
农业	17600	88000	0	0	0	0	78000	183600	7.1
护套管	85000	90000	0	0	202000	0	0	114200	4.4
集中供暖	25000	0	0	0	0	0	0	25000	1
地板采暖	8500	2600	33400	11000	20000	0	1000	76500	2.9
污水/排水	195000	4200	0	0	52000	6600	1125000	1382800	53.1
总计	750000	123100	58600	11000	125200	10000	1525000	2602900	100
比率（%）	28.8	4.7	2.3	0.4	4.8	0.4	58.6	10	

从表 1-1 和表 1-2 可以看出，塑料管的应用场所主要是城镇排水管道。1997 年的数据表明城镇排水管道为 127.3 万 t，占 56.2%，而城乡供水管道为 42.3 万 t，占 18.7%，城市燃气管道仅 10.9 万 t，占 4.8%。2000 年的数据同样表明，城镇排水管道为 138.3 万 t，占 53.1%，城乡供水管道 27.6 万 t，占 11%，城市燃气管道 37.6 万 t，占 14.4%。

1.2　我国塑料管道发展现状和存在问题

1.2.1　我国塑料管道起步于硬聚氯乙烯建筑排水管道

我国塑料管道有计划有组织的发展起步于原国家科委编制的“六五”科技攻关项目。随后在原国家计委的领导下，成立了由建设部等五部委组成的“全国化学建材协调组”。从而有力地推动了我国塑料管道的高速发展，并初步形成具有一定规模的产业领域，同时也有力地提升我国城镇基础设施建设的科技水平和房屋建筑工程的科技含量。建设部为落实我国经济建设的发展目标，在我国的建设工程项目中大量推广科技成果，提高建设工程的科技含量和工程建设的质量，于2004年3月发布了《建设部推广应用和限制禁止技术》的公告。其中涉及塑料管的有两大领域（城乡建设领域，住宅产业化领域），7种管道系统（城乡供水塑料管道系统、城镇排水塑料管道系统、聚乙烯燃气管道系统、建筑生活热水塑料管道系统、建筑给水塑料管道系统和建筑地面辐射采暖塑料管道系统），27个塑料管材品种。

在“六五”国民经济发展计划期间，我国为了改善环境，决定停止有机氯农药的生产，同时决定发展氯碱工业，减少碱的进口量，实现国产化生产。这也是我国石化工业发展之始，为把这三者有机的结合起来，当时国家科委提出，以发展聚氯乙烯工业来平衡氯碱工业的废气——氯气，实现碱的国产化，支持石化工业的发展和有机氯农药停产保护环境的目标的实现。因此，在“六五”国家科委攻关项目中列出“多层民用建筑硬聚氯乙烯排水管应用研究”的课题。经过近两年多的努力，编制出《硬聚氯乙烯建筑排水管材、管件》产品标准。同时制定了《硬聚乙烯建筑排水管道的设计、施工与验收规程》。从而使塑料管道工程的设计、施工做到有法可依，产品生产做到有章可循，有效地推动了塑料管在我国的发展，同时促进了我国工程建设水平的提高。经过20多年的努力，我国硬聚氯乙烯建筑排水管道在国内已经普及，并且管材、管件品种不断增多，可以满足不同场合的需要，形成了产业化生产。

1.2.2 我国塑料管道从建筑管道系统迈向城乡基础设施的管网系统

继“六五”科技攻关项目之后，我国又开展了“硬聚氯乙烯给水管道应用研究”和“聚乙烯燃气管道应用研究”项目。随着课题的完成，在工程试点应用基础上编制了《硬聚氯乙烯给水管材、管件》产品标准及《硬聚氯乙烯建筑给水管道设计、施工与验收规程》、《城乡给水管道设计、施工与验收规程》和《聚乙烯燃气管道工程设计、施工与验收规程》。从而有力推动了在城乡基础设施管网工程建设中应用塑料管。到目前为止在城乡供水工程中累计使用PVC-U给水管道几十万公里，在城乡燃气管道工程中也已普遍采用。在应用过程中积累了大量实践经验，并实现了规模化、产业化生产和应用。

到目前为止，除硬聚氯乙烯城乡给水管道系统和聚乙烯燃气管道系统外，我国还形成了聚乙烯城乡供水管道系统，硬聚氯乙烯城镇排水管道系统和聚乙烯城镇排水管道系统。基本可以满足我国城镇和新农村建设大发展的需求，为全面建设小康社会创造了条件。

据有关资料统计和有关部门的数据预测。我国塑料管的年产量从20世纪90年代的不到20万t，增长到2000年的80万t，增长率高达300%。在经济建设高速发展的刺激下，塑料管得到大发展，到2003年我国塑料管总产量近150万t。据中国轻工信息中心发布，“棒管材”年产量为：2000年78.6万t；2001年124.1万t，增长54.5%；2002年136.9万t，增长12.2%；2003年189.9万t，增长38.7%。

在2003年的150万t塑料管道中，城乡给水管道为34万t，占23%；城镇排水管道为18万t，占12%；城市燃气管道6万t，占4%；建筑排水管道26万t，占18%。在150万t塑料管中，聚乙烯管为53.8万t，占36.4%。硬聚氯乙烯管为76.2万t，占51.5%。聚丙烯管为9.7万t，占6.6%。这个数字表明，不同材质的塑料管的用量比例与国外基本一致。

据有关人员不完全统计，新世纪的前三年，我国新建聚乙烯城乡供水管道的年生产能力超过40万t，新建聚乙烯和聚氯乙烯城镇排水管道的年生产能力超过30万t。我国加入WTO后，参与国际竞争，2003年塑料管出口达到8.7万t，这是一个良好的开端。根据目前我国塑料管发展的趋势和投资力度，有关行家预测我国塑料管总产量到2010年可达到500万t，进入世界塑料管大国的行列。

1.2.3 我国塑料管道在高速发展时期存在的问题

我国塑料管行业在国民经济高速发展和在城乡居民生活水平不断提高的基础上，也得到前所未有的高速发展。由于各方面的配套工作跟不上发展的需要，给塑料管的应用带来了不便，从而也阻碍了塑料管行业的健康、良好的发展，目前存在的主要问题有：

1.2.3.1 管件的不配套仍是发展的主要阻力

塑料管道行业是一个投资不太大，建设周期短的行业，特别是管材生产更是如此，所以投资塑料管生产的人很多。但由于管件生产设备投资大，生产设备开工率低，而且一件一件注塑，相对生产效率低，所以投资人相对不多。在工程应用中，一个完整的管道系统均有管材和管件配套组合成一个管道系统，缺一不可。若采用代用品，如塑料管采用镀锌管的管件又不现实。据预测，管材与管件的配比应是8:1，而目前只有12:1，尤其是口径大于315mm的塑料管件更少了。虽然可以用球铁件相配套，这里也有一个如何适应和如何改变应用习惯的问题。

1.2.3.2 树脂原料价格波动、冲击市场良性发展

塑料管当前最大用户是城镇基础设施建设工程，除城乡供水管道、城镇排水管道、城市燃气管道三大领域外，还有城乡电信工程的护套管。这些工程项目都是公共设施工程，在招标投标时，一般都低价中标。另外工程建设项目在建时，一般为施工企业承包制，总以降低材料成本，来获取更高的利润。这样就要求产品成本越低越好，结果在工程建设中出现产品质优、价格高的产品卖不动的怪现象。特别是近1、2年来由于石油原油价格上涨造成树脂价格居高不下，给塑料管的价格带来剧烈的波动。同时有的管材生产企业采取不应有的手段降低产品成本，使不合格产品流入市场，从而造成许多工程不敢选用塑料管，给原本发展势头非常好的塑料管带来巨大冲击。

1.2.3.3 塑料管道的应用知识不普及，使应有的市场得不到合理开发

塑料管尽管应用有多年，但人们常以日用塑料制品的概念、观念来衡量工程塑料制品，除了塑料管不结垢的优点外，如塑料管不耐老化，塑料管有毒性等等。其实不同材料制成的管材都有它的优点和不足之处。例如，钢管强度高，但易腐蚀；铸铁管性脆，不经碰撞，但耐腐蚀；铜管价高，耐腐蚀也有限；不锈钢管尽管耐腐，但价格较高。总而言之，不同材质的管材，都有它的优点和不足之处。用好了它都是好管材。这里就要求管材生产企业利用掌握的知识传授给用户、设计、施工技术人员。管理部门和科研人员应积极制定技术规范，引导工程应用塑料管，同时要采用行政手段培训设计、施工、监理以及企业、用户管理人员，普及塑料管的应用知识，真正认识塑料管。在生产好塑料管的同时用好塑料管，管理好塑料管道工程。通过工程的实践，使大家认知塑料管，了解塑料管的特性，从而拓宽塑料管的应用市场和应用领域，把塑料管巨大市场潜力挖掘出来，为国家经济建设服务。

1.2.4 我国塑料管道工业发展的建议

1.2.4.1 塑料管道工业的发展应以城镇基础设施中管网建设为重点

随着我国经济建设的发展，必然促成城镇建设事业的大发展，城镇基础设施建设中，离不开供水管网，污水管网，雨水管网，燃气管网的建设，同时还有电信通讯网络的建设。这些管网建设不但管线长，而且管径都较大，重量也大，是塑料管道工业应首先占领的市场。近期尽管原料价格波动大，随着人们对塑料管道优越性认知度的加大，应用量也将会不断攀升，发展情景看好。

1.2.4.2 塑料管道工业的发展应走规模化发展的道路

我国目前塑料管道工业的年生产能力已超过350万t。据不完全统计，年产

量超过10万t的企业有10多家，5万t以上企业有30多家，万吨以上企业约100多家。若按欧洲在20世纪的人均消耗6.34kg计算，则我国13亿人口需塑料管824.7万t。在这种大好形势下，只有发展规模化的生产才能降低塑料管的成本，提高塑料管的质量，促进管道工业的发展。

1.2.4.3 塑料管道工业的发展应抓好产品质量和工程质量

在轻工部门的努力下，塑料管的“产品标准”基本上已覆盖目前市场的管材产品，为塑料管生产企业提供了生产和评价依据，做到有法可依。但由于原料树脂价格波动较频繁，有的企业采用不正当的手段降低管材质量，或采取低竞争的手段进入市场，冲击了塑料管的市场信誉，甚至存在信誉危机。为稳定市场，使用户放心应用，塑料管生产企业应注重产品质量，按规加工生产。

在工程中，由于塑料管是新的管道品种，有的产品进入市场时间不长，尽管我国建设部门为配合工程建设使用编制了相应的工程技术规程。但由于受习惯操作方式的影响，没有针对不同材质的特点进行相应的调整，有时给工程质量埋下隐患，给塑料管道系统的安全可靠运行带来烦恼。

因此，塑料管道业界应共同努力，早日使我国成为国际上的塑料管道强国。

1.3 日本给水用硬聚氯乙烯管的应用状况

1.3.1 日本自来水用硬聚氯乙烯管的历史和变迁

硬聚氯乙烯管自1936年开始在德国生产。第二次世界大战中曾用作自来水管，作为金属管的代用品，1941年在德国制定了世界最早的聚氯乙烯管管材产品标准（DIN8061．8062）。

日本也在1949年左右开始了聚氯乙烯树脂的生产。而积水化工是在1951年开始自来水管道用硬聚氯乙烯管的生产，并且被广泛使用。

日本聚氯乙烯管的产品标准的制定及修正状况，见表1-3。

日本产品标准的制定及修正状况 **表1-3**

1951年	自来水用硬聚氯乙烯管材 JIS K6742	制　定
	自来水用硬聚氯乙烯管件 JIS K6743	
1964年	增加了非加热管件（TS式、H式）	修　正
	缩小了管外径容许差	
	变更了试验水压	

续表

1971 年	删除了直径 10 的管材	修　正
	增加了直径 75 ~ 150	
	删除了热焊接管件和 H 式管件	
	浸渍实验中增加了“铅析出量 0.1ppm 以下”的要求	
1977 年	引入国际单位系（SI）	
1979 年	变更了直径 75 以上的管件结合部位形状，及增加了接口底部的厚度	修　正
	试验水压由 $35kg/cm^2$ 提高到 $40kg/cm^2$	
1993 年（平成 5 年）	增加了耐冲击性硬聚氯乙烯管材以及管件的规定	
	铅的析出量由 0.1ppm 降到 0.008mg/L 以下	
	溶析实验中锌的溶析量为 0.5mg/L 以下	
1997 年（平成 9 年）	伴随着自来水法施行条例第 4 条的“给水装置的构造及材质基准”的修正，适用水道法的本标准也作修改	修　正
	增加了直径 40 以下的产品规定	
1999 年（平成 11 年）	根据国际化推进计划的实施	修　正
	性能规定：以前 JIS 规定项目→与国际标准 ISO 接轨→附表	
	尺寸规定：以前 JIS 寸法→与国际标准 ISO 接轨→附表	

从表 1-3 可知，《自来水用硬聚氯乙烯管材与管件》的产品标准自制定以来修改了 7 次。这些修正是从以下方面进行评估改良的，直至现在。

- 对自来水水质的影响；
- 管材强度的安全性与材质的均质性、耐久性；
- 现场配管操作的简易性；
- 城镇供水管道的经济成本。

1.3.2　什么是聚氯乙烯？

聚氯乙烯（以下称聚氯乙烯树脂）是由氯乙烯共聚而成的，其结构式为：$-(CH_2-CHCL)n-$，其中 n 指的是共聚度，通常的范围是 700 ~ 1300。

聚氯乙烯树脂的比重大约为 1.4，是一种白色粉末，具有耐水性、耐酸性、耐碱性、无毒、电绝缘性较高，对多种化学产品有耐腐蚀性。

聚氯乙烯产品可根据用途的不同，在树脂中添加各种辅助材料（稳定剂、可塑剂、耐冲击性助剂、润滑剂、着色剂等）进行成形加工。

管材是挤压成形的。在挤出机中，通过螺杆的螺旋推进，将材料一边送料，一边加热熔解，挤压成与模具相同的形状，然后冷却定型而成。

管件是通过注塑成形的。在螺杆推进中加热，将流动的材料通过高压注入，接着冷却固化，然后打开模具取出制品。

聚氯乙烯管材管件的制造工艺见图 1-1。

挤出机的构造见图 1-2。

注塑机的构造见图 1-3。

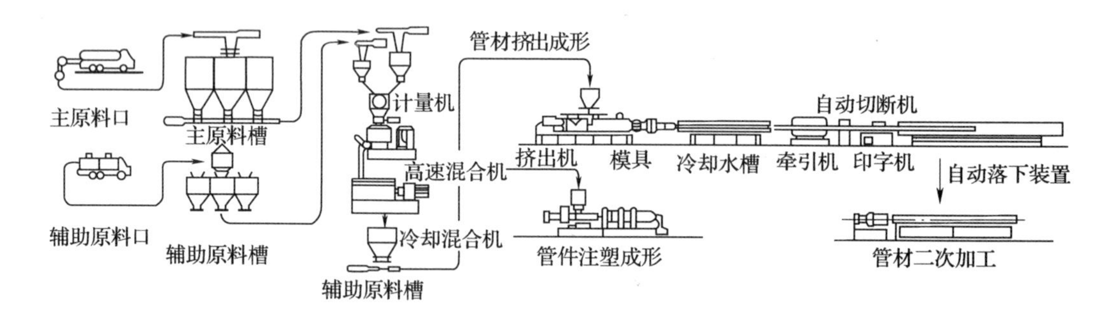

图 1-1 聚氯乙烯管材、管件的制造工艺

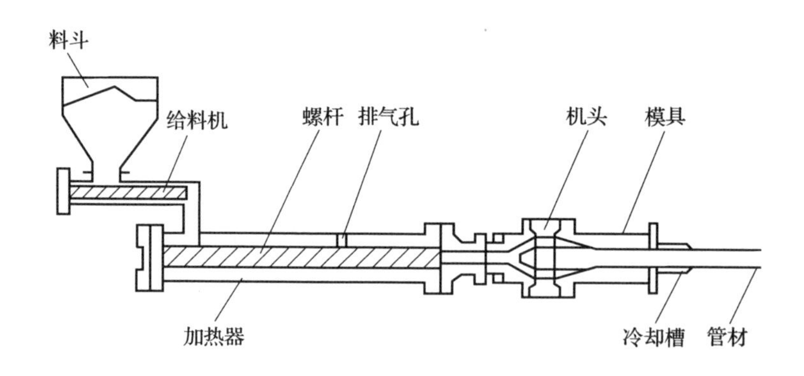

图 1-2 挤出机的构造

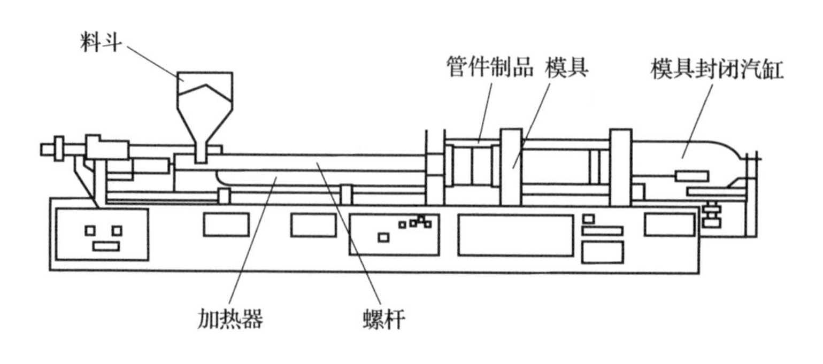

图 1-3 注塑机的构造

1.3.3 日本积水化学的开发经过

1951 年日本积水化学工业株式会社开始了日本最早的聚氯乙烯管生产。在此之后日本积水的管材以其无以伦比的耐腐蚀性被广泛采用。在上水道、用水供给事业上实现了全国管线总长 16 万 km（占总长的 31% 以上）的好成绩（水道年鉴 2000 年度版：平成 9 年度（1997 年）的统计数据）。

在聚氯乙烯管不断普及的过程中，日本积水化学不断努力的开发更加优质的自来水用管材。分别在 1966 年和 1998 年开发出了以下两种管材：

1966 年昭和 41 年：自来水用耐冲击性硬聚氯乙烯管［积水 H1］。

1998 年平成 10 年：自来水用高性能耐冲击性硬聚氯乙烯管［积水 HIG（AGR）］。

自来水用硬聚氯乙烯管作为强度、耐腐蚀性、经济性优越的管材被广泛采用。但是低温时较弱的耐冲击性以及施工中抵抗大冲击力的不足成了问题。针对这个问题，日本积水以提高耐冲击性为目标，开发出了耐冲击力为原聚氯乙烯管数倍的积水 H1 管材（high impact），其成分中混加了橡胶。之后又成功开发出具耐冲击力为积水 H1 两倍以上的积水 HIG（即 AGR），并得到了各方面的一致好评。

1.4 我国给水管的市场需求

我国自 20 世纪 80 年代初开始系统的研究塑料管工程应用技术。20 多年来，塑料管在工程应用中得到了很大的发展。1994 年在全国化学建材工作会议上确立了以技术进步和推广应用为龙头，促进化学建材发展的基本方针。10 多年来以试点和示范工程为引导，以点带面全面拓进的工作模式；总结工程应用经验，编制相应的应用技术规程，做到工程应用有法可循，有章可依；通过技术公告，推荐了一批技术先进，成熟可靠的塑料管产品，有力地推动了塑料管道的应用和工业化的发展。目前，塑料管已广泛应用于城乡供水，城镇排水，城镇燃气，城市供热等领域，到 2005 年底全国塑料管的生产能力达到350 多万 t，实际产量达到 240 万 t 左右，工程应用量 200 万 t 以上，其中市政公用塑料管的使用量约 100 万 t，市场占有率 30% 左右。

1.4.1 城乡供水管道市场

城乡供水塑料管道的品种有：硬聚氯乙烯管（PVC－U），聚乙烯（PE）和玻璃钢夹砂管（GRP）等，主要是 PVC－U、PE 实壁管。PVC－U 的口径一般从 50 ~ 710mm，PE 管的口径一般在 40 ~ 800mm，GRP 管的口径一般在 500 ~ 1200mm。目前 PVC – U 城乡供水管道累计使用量达 6 万 km 以上，PE 管累计达 4 万 km 以上，GRP 约 1 万 km 左右。

我国“十一五”期间，重点改善城乡建设薄弱环节，推进社会主义新农村建设。城市供水管道“十五”期间年平均增长率 10.3%，预计“十一五”期间，我国城市供水管每年铺设长度将超过 2 万 km，农村和乡镇建设中每年铺设给水管道长度将超过 2 万 km。

另外，我国到 2005 年底城镇供水管网总长度达 38 万 km 以上，其中 20 世纪 80 年代以前铺设的有 13 万 km 左右，现在已到使用寿命期，需要更新改造和修复。

还有我国是水资源短缺的国家。“十一五”期间我国将水资源列入矿产资源范畴，并把节水工作列入重要议事日程。城镇生活污水再生水的利用是节水的有效途径，将得到很大的发展。输送再生水的管网也将逐步建立和完善，相应管道的需求量将会剧增。

1.4.2 建筑给水管道市场

建筑给水塑料管的品种有：硬聚氯乙烯管（PVC – U），聚丙烯管（PPR），交联聚乙烯管（PE – X），铝塑复合管（PAP）和聚乙烯管（PE），还有钢塑复合管等。主要产品是硬聚氯乙烯管（PVC – U），无规共聚聚丙烯管（PPR）、铝塑复合管和交联聚乙烯管及钢塑复合管。主要口径为 16 ~ 63mm，一般不超过 160mm。目前，工程累计使用量 80 亿 m，约 150 万 t 以上。

我国“十一五”期间，建筑业的增加值将达 1 万亿元，占国内总产值 6% ~7%。根据建筑业的行业发展规划，到 2010 年前，每年各类建筑竣工面积达 14 ~ 16 亿 m^2，其中城镇住宅 5 亿 m^2。据此测算，“十一五”期间，建筑用管需求量约 30 亿 m，以塑料管计约 50 万 t。

另外，还有农村住宅约每年 7 亿 m^2 左右，约需建筑给水管 21 亿 m。

除建筑给水和城乡供水用管外，城市园林、农业农田喷灌用管，以及工业建筑和工矿建设将有大量需求。

据预测，我国“十一五”期间，每年塑料管用量将达到 250 ~ 300 万 t，其中市政用管和建筑用管将达到 200 万 t，工业和农业用管将达到 50 ~ 100 万 t 左右。

第 2 章　AGR 管的基本性能和产品标准

日本积水化学工业株式会社集 50 年研究、开发和生产树脂产品的经验之大成，于 1998 年成功研制开发了新一代的工程材料——亚克力共聚合聚氯乙烯树脂，它由超微粒子的亚克力弹性体成分，充分融合在氯乙烯分子之中，产生化学结合而成，采用这种新型材料制作的“AGR”高耐冲击性能供水管，从分子水平到使用性能都比普通的塑料管材具有飞跃性的进步。由 ARG 管材、AGR 管件、专用粘接剂的组合，构成了 21 世纪的新型供水管道系统，质量完全符合世界卫生组织和中国卫生部要求的饮用洁净水管材标准要求。它将为我们源源不断地输送洁净、清新的生命源泉之水。

2.1　AGR 的原材料

AGR 是一种亚克力分子与氯乙烯树脂发生化学结合（聚合）的树脂。

AGR 管材和管件的生产原料是全部从日本积水化学工业株式会社进口的洁净供水管道系统专用料。AGR 管道专用料是采用日本积水化学工业株式会社独家生产的，商品号为 HIG 的 AGR 树脂与部分环保卫生的添加剂制成。添加剂的种类和用量对 AGR 管道专用料和最终产品的性能有非常重要的影响。

因为分子的分散均匀、细密，所以可以发挥特殊的性能。

	普通树脂	AGR
电子显微镜写真	分散粗	分散细
合成技术	混合	化学结合
分子构造		

图 2-1　普通树脂与 AGR 的分子结构

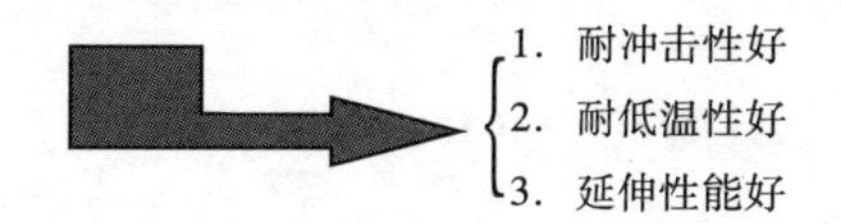

另外，因为使用特殊材料，可以发挥如表2-1所列的优越性能。

特殊材料的AGR优越性 **表2-1**

原料进口	管壁薄，耐压强度高⇒具有优良的机械性能
	具有阻燃性，当离开火源后，可自行熄火
	耐化学腐蚀和电腐蚀
	因其特殊的分子结构，具有耐久性的特性（50年以上）
	线膨胀系数最低，施工中无须考虑伸缩问题。管材刚度高，支架间距大
	采用普通的顺插式粘接施工，操作简易
	其原料可以进行再回收利用，是一种绿色产品
用专用的粘接剂（进口粘接剂）	连接的强度高，不会发生渗漏问题

从综合施工、维修等各种因素来看，AGR真正是一种性价比很优的管材。

2.2 AGR管的基本生产工艺

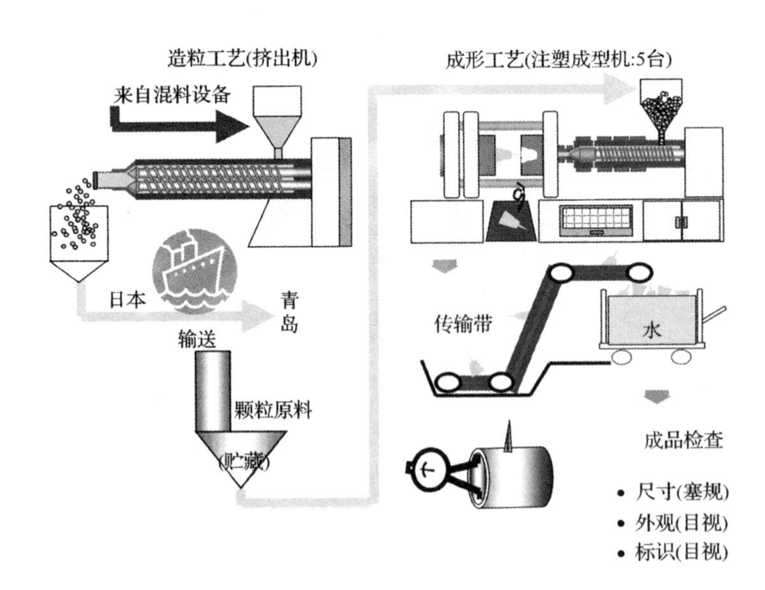

图2-2 AGR管的生产工艺

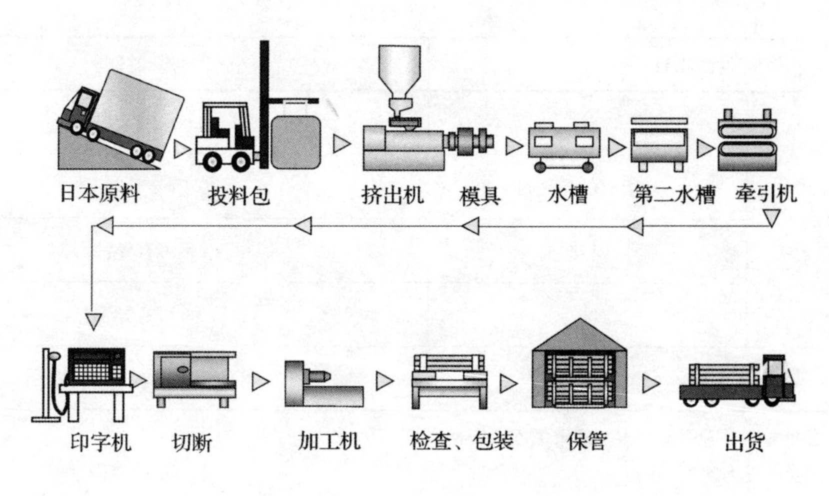

图 2-3 AGR 管的制造工艺

2.3 AGR 管的规格尺寸和物理机械性能

2.3.1 日本标准（摘录）

JIS K6742：1999

日本工业标准

给水用硬聚氯乙烯（PVC－U）管材

Unplasticized poly（vinyl chloride）（PVC－U）pipes for water works

管材的性能应符合下列“性能表”的规定。

性 能 表　　表 2-2

性能项目		性 能
抗拉应力		在 15℃的抗拉应力，49MPa {500kgf/cm²} 以上
耐压性		不可有漏及其他异常
扁平性		不可破裂波及有裂缝
耐冲击性（1）		不可有异常
维卡软化点温度		76℃以上
浸出性（2）	浑浊程度	0.5 度以下
	色度	1 度以下
	过锰酸钾消费量	2mg/L 以下
	铅	0.008mg/L 以下

续表 2-2

性能项目		性　能
浸出性（2）	锌	0.5mg/L 以下
	余留氯的剩余量	0.7mg/L 以下
	臭味	不可有异常
	味	不可有异常
不透明性（3）		可见光透射率 0.2% 以下

注：（1）耐冲击性，适用耐冲击性硬聚氯乙烯管材（HIVP）。

（2）试验温度为常温。

（3）不透明性，适用于硬聚氯乙烯管材（VP）。

管材的尺寸及允许偏差应符合“管材的尺寸及允许偏差”表的规定。

管材的尺寸及允许偏差　　**表 2-3**

<table>
<tr><th rowspan="3">通称</th><th colspan="3">外径</th><th colspan="2">壁厚</th><th colspan="2">长度</th><th>参考</th></tr>
<tr><th rowspan="2">基准尺寸</th><th rowspan="2">最大/最小允许偏差</th><th rowspan="2">平均外径允许偏差</th><th rowspan="2">基准尺寸</th><th rowspan="2">允许偏差</th><th rowspan="2">基准尺寸</th><th rowspan="2">允许偏差</th><th>每 1m 的重量（kg）</th></tr>
<tr><th>硬聚氯乙烯管</th></tr>
<tr><td>13</td><td>18.0</td><td rowspan="3">±0.2</td><td rowspan="8">±0.2</td><td>2.5</td><td>±0.2</td><td rowspan="4">4000</td><td rowspan="9">30
−10</td><td>0.174</td></tr>
<tr><td>20</td><td>26.0</td><td>3.0</td><td rowspan="4">±0.3</td><td>0.310</td></tr>
<tr><td>25</td><td>32.0</td><td>3.5</td><td>0.448</td></tr>
<tr><td>30</td><td>38.0</td><td rowspan="2">±0.3</td><td>3.5</td><td>0.542</td></tr>
<tr><td>40</td><td>48.0</td><td>4.0</td><td rowspan="5">4000
或
5000</td><td>0.791</td></tr>
<tr><td>50</td><td>60.0</td><td>±0.4</td><td>4.5</td><td rowspan="2">±0.4</td><td>1.122</td></tr>
<tr><td>75</td><td>89.0</td><td>±0.5</td><td>5.9</td><td>2.202</td></tr>
<tr><td>100</td><td>114.0</td><td>±0.6</td><td>7.1</td><td>±0.5</td><td>3.409</td></tr>
<tr><td>150</td><td>165.0</td><td>±1.0</td><td>±0.3</td><td>9.6</td><td>±0.6</td><td>6.701</td></tr>
</table>

注：（1）最大最小外径的允许偏差，即任意断面上外径测量最大值及最小值和基准外径的差。

（2）平均外径的允许偏差，即任意断面上的等分对角外径测量的平均值（平均外径）和基准外径的差。

（3）壁厚，适用管材圆周上任意点的厚度。

（4）管材的长度也可根据供需双方商定。

参考：每 1m 的质量是按照管道使用的材料密度计算的。

硬聚氯乙烯管材的密度 1.43kg/cm^3，耐冲击硬聚氯乙烯管材 1.40kg/cm^3。

JIS K6743：1999

日本工业标准

给水用硬聚氯乙烯管件

Unplasticized poly（vinyl chloride）（PVC－U）pipe fittings for water works

管件的性能应符合表2-4的规定。

给水用硬聚氯乙烯管件性能表　　表2-4

性能项目		性　能
抗拉应力		在15℃的抗拉应力，49MPa ｛500kgf/cm^2｝以上
耐压性		不可有漏及其他异常
扁平性（1）		不可有破裂及裂缝
耐冲击性（2）		不可有异常
维卡软化点温度		76℃以上
浸出性（3）	浑浊的程度	0.5度以下
	色度	1度以下
	过锰酸钾消费量	2mg/L以下
	铅	0.008mg/L以下
	锌	0.5mg/L以下
	余留氯的剩余量	0.7mg/L以下
	臭味	不可有异常
	味	不可有异常

注：（1）扁平性，只适用B型管件。

（2）耐冲击性，适用耐冲击性硬聚氯乙烯管件。

（3）浸出性，只适用管件的氯乙烯聚合物形成部分。但在接水部用金属的管件、对金属部分适用附属书（本书省略附属书）。

B型管件：用管材加工而成的管件。

2.3.2 积水青岛单独取得的行业标准

CJ

中华人民共和国行业标准

CJ/T 218—2005

给水用丙烯酸共聚聚氯乙烯管材及管件

Pipe and fittings of Acrylic ester/vinyl chloride graft co-polymer resin for water supply

（摘录）

2005－12－30 发布 **2006－03－01 实施**

中华人民共和国建设部 发布

2.3.2.1 规格尺寸

（1）管材

管材规格尺寸及其偏差见表2-5。

管材长度一般为6m，也可由供需双方商定。管材长度允许偏差为长度的0%～0.4%。

管材规格尺寸及其允许偏差　　表2-5

公称外径（mm）	外径允许偏差（mm）	壁厚（mm）	壁厚允许偏差（mm）
20	+0.3 0	2.0	+0.4 0
25	+0.3 0	2.0	+0.4 0
32	+0.3 0	2.4	+0.5 0
40	+0.3 0	3.0	+0.6 0
50	+0.3 0	3.7	+0.6 0
63	+0.3 0	4.7	+0.8 0
75	+0.3 0	5.6	+0.9 0
90	+0.3 0	6.7	+1.1 0
110	+0.4 0	7.2	+1.1 0

注：壁厚适用于管周上任意一点。

（2）管件

管件规格尺寸

注塑成型粘接式管件规格尺寸及偏差见表2-6，承口部分的最大锥度见表2-7，承口形式见图2-4。

注塑成型粘接式管件规格尺寸　单位：(mm)　　表 2-6

公称外径 d_n	最小深度 L	承口中部平均内径 d_i	
		min	max
20	26.0	20.1	20.3
25	35.0	25.1	25.3
32	40.0	32.1	32.3
40	44.0	40.1	40.3
50	55.0	50.1	50.3
63	63.0	63.1	63.3
75	74.0	75.1	75.3
90	74.0	90.1	90.3
110	84.0	110.1	110.4

承 口 锥 度　　表 2-7

公称外径（mm）	最大承口锥度 α
$d_n \leqslant 63$	0°40′
$75 \leqslant d_n \leqslant 110$	0°30′

注：管件的壁厚不应小于同规格管材的壁厚。

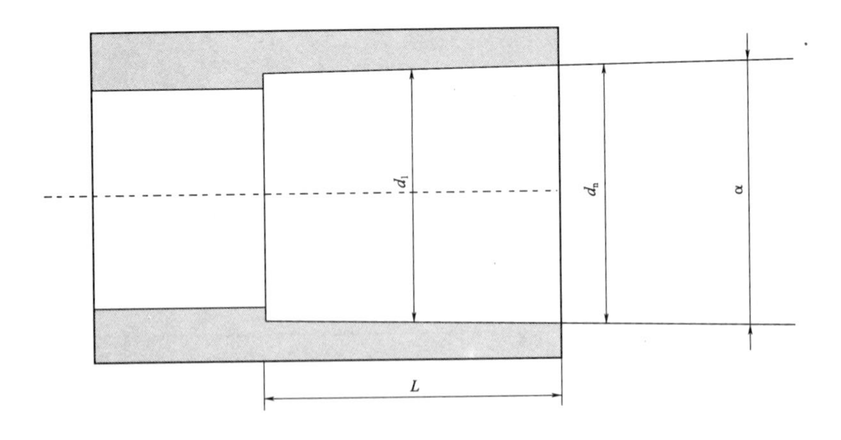

图 2-4　粘接式承口

2.3.2.2　物理力学性能

管材物理力学性能应符合表 2-8 的规定。

管材物理力学性能 **表 2-8**

<table>
<tr><th>序号</th><th colspan="2">项目</th><th colspan="4">条件和要求</th><th>试验方法</th></tr>
<tr><td>1</td><td colspan="2">密度</td><td colspan="4">1350kg/m³ ~1460kg/m³</td><td>参见 GB/T 10002.1</td></tr>
<tr><td>2</td><td colspan="2">维卡软化温度</td><td colspan="4">≥76℃</td><td>参见 GB/T 10002.1</td></tr>
<tr><td>3</td><td colspan="2">纵向回缩率</td><td colspan="4">≤5%</td><td>参见 GB/T 10002.1</td></tr>
<tr><td>4</td><td colspan="2">压扁试验</td><td colspan="4">无断裂或裂痕（压缩量为管内面互相接触）</td><td>参见 GB/T 10002.1</td></tr>
<tr><td>5</td><td colspan="2">拉伸试验</td><td colspan="4">23℃时的拉伸强度大于 40MPa，拉伸率≥120%</td><td>参见 GB/T 10002.1</td></tr>
<tr><td>6</td><td colspan="2">落锤冲击试验（-10℃）</td><td colspan="4">无破裂、无渗漏</td><td>参见 GB/T 10002.1</td></tr>
<tr><td rowspan="3">7</td><td colspan="2" rowspan="3">液压试验</td><td>试验温度（℃）</td><td>诱导应力（MPa）</td><td>试验时间（h）</td><td>试验要求</td><td rowspan="3">参见 GB/T 10002.1</td></tr>
<tr><td>20</td><td>42
35</td><td>1
100</td><td rowspan="2">无破裂、无渗漏</td></tr>
<tr><td>60</td><td>12.5
（15）</td><td>1000
（100）</td></tr>
<tr><td rowspan="3">8</td><td rowspan="3">连接密封试验</td><td>公称外径 d_n</td><td>试验温度（℃）</td><td>试验压力（MPa）</td><td>试验时间（h）</td><td>试验要求</td><td rowspan="3">参见 GB/T 10002.1</td></tr>
<tr><td>≤90</td><td>20</td><td>4.2×PN</td><td>1</td><td rowspan="2">无破裂、无渗漏</td></tr>
<tr><td>>90</td><td>20</td><td>3.36×PN</td><td>1</td></tr>
<tr><td>9</td><td colspan="2">二氯甲烷浸渍试验</td><td colspan="4">表面无变化（15℃ 15min）</td><td>参见 GB/T 10002.1</td></tr>
</table>

注：液压试验的括号内选择试验条件可取代 60℃、1000h、12.5MPa 的试验。

管件物理力学性能应符合表 2-9 的规定。

管件物理力学性能 **表 2-9**

<table>
<tr><th>序号</th><th colspan="2">项目</th><th colspan="4">条件和要求</th><th>试验方法</th></tr>
<tr><td>1</td><td colspan="2">维卡软化温度</td><td colspan="4">≥74℃</td><td>参见 GB/T 10002.2</td></tr>
<tr><td>2</td><td colspan="2">烘箱试验</td><td colspan="4">符合 GB/T 8803—2001</td><td>参见 GB/T 10002.2</td></tr>
<tr><td>3</td><td colspan="2">坠落试验</td><td colspan="4">无破裂</td><td>参见 GB/T 10002.2</td></tr>
<tr><td rowspan="5">4</td><td rowspan="5">液压试验</td><td>公称外径 d_n（mm）</td><td>试验温度（℃）</td><td>试验压力（MPa）</td><td>试验时间（h）</td><td>试验要求</td><td rowspan="5">参见 GB/T 10002.2</td></tr>
<tr><td rowspan="2">≤90</td><td rowspan="2">20</td><td>4.2×PN</td><td>1</td><td rowspan="4">无破裂
无渗漏</td></tr>
<tr><td>3.2×PN</td><td>1000</td></tr>
<tr><td rowspan="2">>90</td><td rowspan="2">20</td><td>3.36×PN</td><td>1</td></tr>
<tr><td>2.56×PN</td><td>1000</td></tr>
</table>

注：公称外径指与管件相连的管材的公称外径。

2.3.3 AGR 的产品质量管理与检测

- 建设部科技发展促进中心（2005072）号
- 中华人民共和国建设部建科评（2003）029 号
- 国家化学建筑材料测试中心 测试报告 NO. 2003（G）697
- 国家化学建筑材料测试中心 测试报告 NO. 2003（G）698
- 国家化学建筑材料测试中心测试报告 NO. 2003（G）647
- 国家化学建筑材料测试中心测试报告 NO. 2003（G）648
- 国家化学建筑材料测试中心测试报告 NO. 2003（G）0761
- 国家化学建筑材料测试中心测试报告 NO. 2003（G）0762
- 中国疾病预防控制中心环境与健康相关产品安全所 检测报告 NO. 2003k631
- 中国疾病预防控制中心环境与健康相关产品安全所 检测报告 NO. 2003k632
- 北京市疾病预防控制中心 测试报告 2005HW－C0205（管材）
- 北京市疾病预防控制中心 测试报告 2005HW－C0206（管件）
- 北京市疾病预防控制中心 测试报告 2005HW－C0207（嵌件管件）
- 山东省疾病预防控制中心 检测报告 NO. 20031796
- 山东省疾病预防控制中心 检验报告 NO. 20031797
- 山东省医学科学院基础医学研究所 检验报告 NO. 20050110
- 山东省卫生厅涉及饮用水卫生安全产品卫生许可批件——鲁卫水字[2003] S 025 号（管材）
- 山东省卫生厅涉及饮用水卫生安全产品卫生许可批件——鲁卫水字[2003] S 026 号（管材）
- 山东省卫生厅涉及饮用水卫生安全产品卫生许可批件——鲁卫水字[2003] S 023 号（胶水）
- 青岛市卫生局卫生质量证书
- ISO9001 认证
- ISO14001 认证
- 山东省质量技术监督局企业产品执行标准登记证书
- 上海市预防医学研究所 检验报告水 2005－0127（胶水）
- 国家知识产权局发明专利证书

2.3.4 主要性能特点

（1）耐冲击性能好。

（2）耐低温性能好（在零下30度的低温环境下，仍可保证管材非常安全地使用，不会发生爆裂）。

（3）粘接性能好。

（4）延伸性能好。

2.4 AGR管道系统的性能与评价方法

2.4.1 耐冲击性能

AGR管材中亚克力弹性体成分的微粒分布非常均匀，呈“超微粒子分散”状态。当受到冲击时，材料分散吸收外部冲击应力，能迅速制止碎裂的传播。因此，防止了由外力冲击或内部水锤作用所导致的爆管现象。

AGR管道系统耐冲击性能全面加强，内外均具备冲击强度，防止由外力或内部水锤作用所导致的爆管现象。经严格落锤冲击测试，AGR管道系统的耐冲击性能比普通的塑料高出几倍见表2-10。

AGR耐冲击性能测试（锤重：9kg）　　表2-10

温度	材质	高度	结果
-10℃	AGR	2m	完好无损
	PP-R	0.9m	完全破碎
-5℃	AGR	4m	完好无损
	PVC	2m	完全破碎

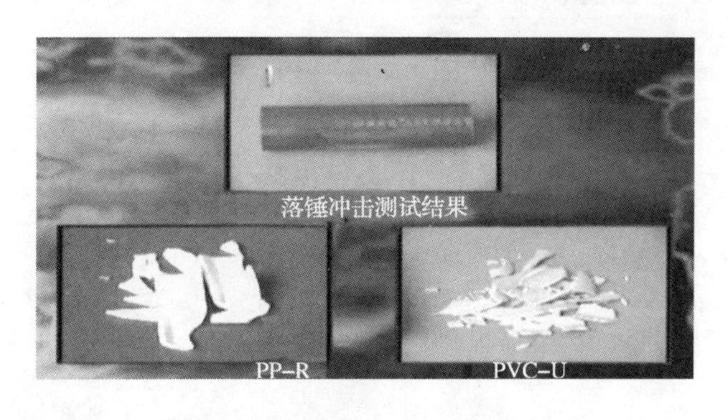

图2-5　落锤冲击测试结果

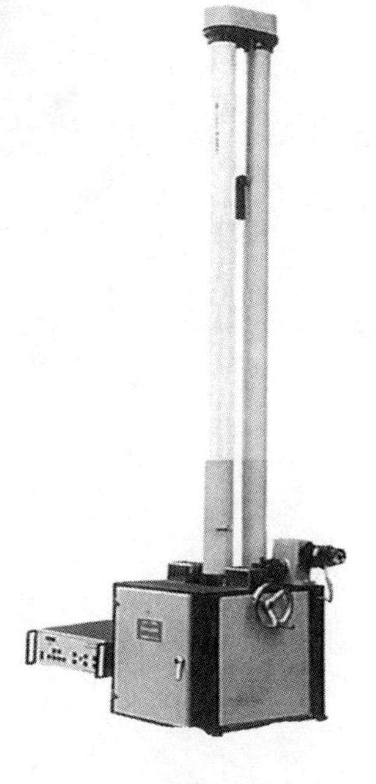

图2-6　耐冲击试验机

2.4.2 耐低温性能

AGR 管抗冻结强度高，在零下 30 度的低温环境下，仍可保证管材非常安全地使用，不会发生爆裂。

图 2-7　连接部解冻后状况图

图 2-8　管内解冻状态图

2.4.3 耐地震性能

AGR 管道系统独有卓越的延伸性能，经严格延伸测试证明，管道连接件均能承受横、纵向的荷载，抗地震性能出色可靠。参见图 2-9。

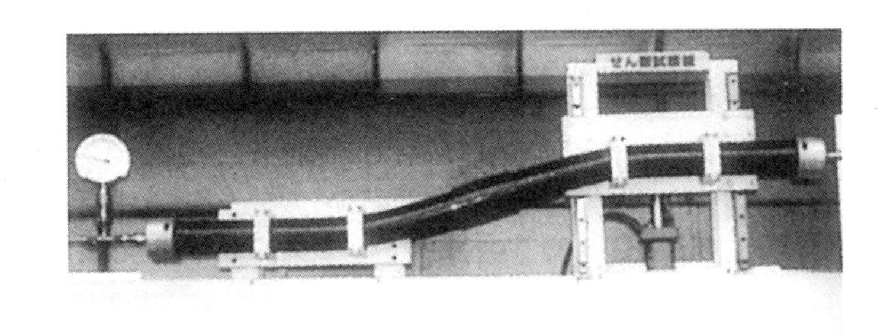

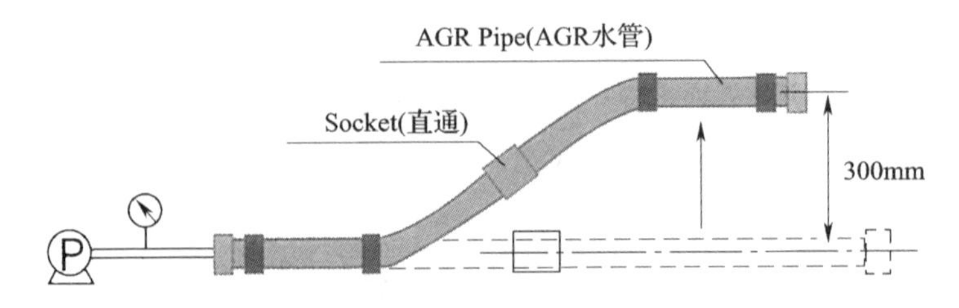

内水压（Inside Water Pressure）:1.7MPa(17.5kgf/cm^2)×1min

It can fight against the causeed by the earthquake

能对应由于地震等因素所造成的地表面变动

图 2-9　抗震性能测试

2.4.4 卫生性能

AGR管道内壁非常光滑，不仅仅水流阻力小，更为重要的是与其他塑料管道相比，不产生内壁堆积物，不易滋生微生物、细菌；此外，AGR管道氧气渗透率相当低，仅为PP-R、PE等塑料管道的1/13~1/15。管路系统内的金属件不会因氧化而腐蚀，进而改善管路寿命和水质。不易透氧也意味着更不易滋生微生物、细菌。因此，AGR管道清洁卫生，可用于精细化工及电子行业洁净水输送系统、生活直饮水的供水管道以及饮料、啤酒业流体输送系统。

生产中不使用铅盐稳定剂，是一种清洁卫生的环保绿色管道。

AGR管道经中国疾病预防控制中心和国家化学建筑材料测试中心检验测试，卫生性能符合GB 17219—1998《生活饮用水输配水设备及防护材料的安全评价标准》和GB 5749—85《生活饮用水卫生标准》，也符合JIS标准和WHO的卫生标准。产品通过了ISO9001和ISO14001双体系认证。

2.4.5 耐腐蚀性能

AGR管道对酸碱有很强的抵抗能力，可以应用于化工、造纸等领域的化工流体输送管道系统。

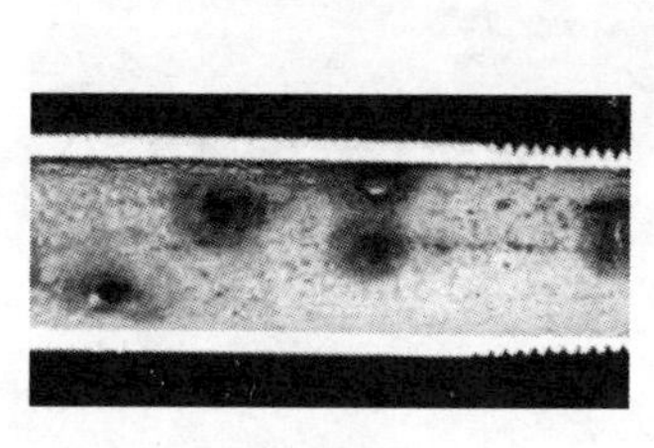

(a) 镀锌管

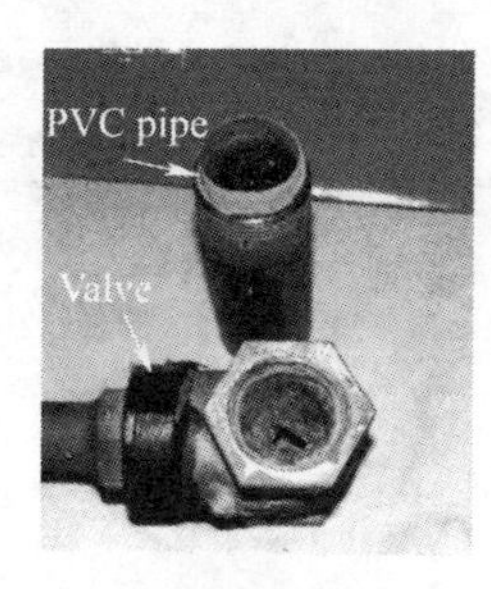

(b) 钢塑复合管

(c) 铜管

图2-10 金属管腐蚀状况图

2.4.6 管道使用寿命长达50年以上

严格按照ISO/DIS11673标准规定的实验方法，进行管道内水压蠕变实验，实验结果表明：在20℃条件下，50年后AGR材料的抗蠕动强度仍高达20.7MPa，可充分保证其使用寿命在50年以上。

2.5　AGR 管道的施工特点

2.5.1　管道的粘接连接强度

AGR 管道系统用的 AGR 专用树脂粘接剂，粘接强度特别强。配套的 NO. 80 粘接剂的迅速融接，粘接强度较普通的塑料管高出约 3 倍。牢固的粘接，有助于预防一般塑料管受压渗漏的潜在问题。图 2-11 所示为管道静水压反复弯曲试验。为考核管材与管件的粘接连接部位的强度和可靠性，在 17. 5kg/cm^2 静水内压条件下，进行 ±4℃ 水平往复的试验，要求水平往复弯折 2000 次以上，接头部位也不漏或松脱。粘接强度是 HI－PVC（AGR 的前身）的 4 倍以上。

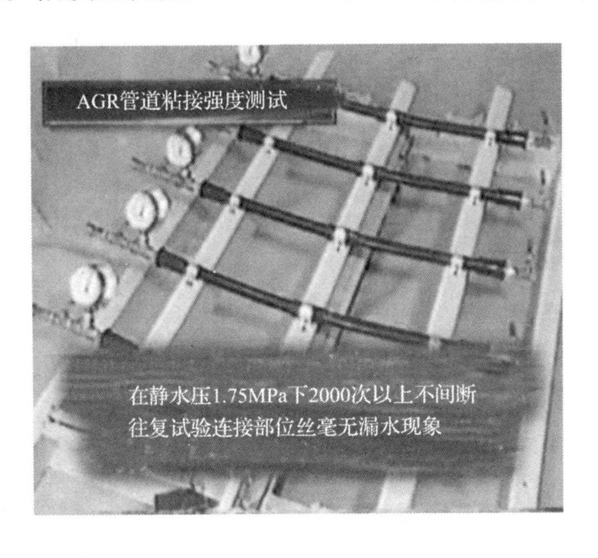

图 2-11　AGR 粘接强度测试

2.5.2　管道施工简便

AGR 连接方法非常简单，只需要粘接剂便可连接，不需要复杂昂贵的施工机械，仅需要简单的倒角工具、切割器和拉紧器即可。并且，AGR 有一套完整的管件系统，无需其他材料的管件来连接。这可在最大程度上保证了 AGR 管道安装施工的成本、快捷与便利性。

第3章　AGR管道的设计方法与要求

3.1 一般规定

3.1.1　工作压力

建筑给水用AGR管道适用于给水管道系统。设计时可根据管道的系统工作压力来选用不同压力等级（1.0MPa，1.6MPa）的管材。当管道输送水温在25～45℃之间时，管材的最大允许工作压力按公式（3.1.1）计算；

$$P_{PMS}=f_t\cdot P_N \tag{3.1.1}$$

式中　P_{PMS}——管材的最大允许工作压力（MPa）；

f_t——不同水温的压力下降系数，按表3-1选用；

P_N——管材的公称压力（MPa）。

AGR的基本性能　　**表3-1**

水温 T（℃）	$T\leqslant25$	$25<T\leqslant35$	$35<T\leqslant45$
下降系数（f_t）	1.0	0.8	0.63

3.1.2　敷设方式

建筑给水用AGR管道既可以采用明装也可以采用暗装。暗设的方式有直接埋设和隐蔽敷设两种形式。直接埋设是将管道埋设在地下并回填砂及细土，或者埋设在墙体或楼（地）面的地坪层内并在管道周围填满水泥砂浆。隐蔽敷设是将管道敷设在管道井、吊顶、架空层、管槽内或用装饰档板遮盖。

3.1.3　连接方式

管道连接方式，一般采用粘接连接或弹性橡胶密封圈连接。AGR管道与金属管道及其配件、卫生器具的接口的连接，采用丝扣或法兰连接。

3.2　管道布置与敷设

3.2.1　设置在公共场所部位的给水立管，宜敷设在管道井内。

3.2.2 明设的给水立管宜布置在靠近卫生器具较集中的墙角、墙边或立柱旁。

3.2.3 明设的给水管不得穿越卧室、贮藏室以及烟道、风道。

3.2.4 给水管道应远离热源，管道距家用热水器或炉灶边缘的净距宜大于等于400mm。当达不到此距离时，应对管道做隔热措施，但最小净距不得小于200mm。横管道不应在炉灶或热水器上方以及炉灶的边缘敷设。

3.2.5 直埋敷设在墙体的横支管道，距地面的高度不宜大于400mm。直埋敷设在地坪面层的横支管道，宜敷设在墙的踢脚线下。

3.2.6 管道穿越地下室外壁，水池（水箱）壁，楼板，屋面等有防水要求的地方，应设置刚性或柔性钢制防水套管。

3.2.7 与管道连接的阀门，其重量不得由管道来承受，应自行固定牢固。

3.2.8 水平干管与水平支管连接，水平干管与立管连接，立管与楼层支管连接，均应考虑管道互相伸缩时，不受影响的措施。

3.3 管道变形计算

3.3.1 不受约束的管道因温度变化而引起的轴向变形量，可按公式（3.3.1）计算。

$$\Delta L = \alpha \cdot L \cdot \Delta T \tag{3.3.1}$$

式中 ΔL——管道伸缩量（mm）；

α——线膨胀系数（mm/m·℃），取 $\alpha = 0.06$；

L——管道直线长度（m）；

ΔT——计算温差（℃）。

3.3.2 管道计算温差可按照公式（3.3.2）计算。

$$\Delta T = 0.65\Delta t_s + 0.10\Delta t_g \tag{3.3.2}$$

式中 ΔT——管道计算温差（℃）；

Δt_s——管道内水温最大变化温差（℃）；

Δt_g——管道外空气的最大变化温差（℃）。

3.3.3 最小自由臂长度可按照公式（3.3.3）计算。

$$L_z = K \cdot (\Delta L \cdot d_n)^{1/2} \tag{3.3.3}$$

式中 L_z——自由臂最小长度（mm）；

ΔL——自固定支点起管道伸缩长度（mm），可按照本规定式（3.3.1）计算确定：

d_n——管道公称外径（mm）；

K——材料比例系数，一般可取33。

3.3.4 工业建筑和公共建筑中管道直线距离较长时，应优先利用管路走向变化（即自由臂补偿）或环绕建筑结构的梁柱（即方型补偿）进行温度变形补偿。当管路系统所有支架均采用固定支架时，可以不设补偿措施。

3.3.5 不设补偿措施时，固定支架作用力按公式（3.3.5）计算确定：

$$F = A \cdot \alpha \cdot E \cdot \Delta T \tag{3.3.5}$$

式中 F——固定支架作用力（N）；

A——管道截面积（mm^2）；

α——管道线膨胀系数（0.06mm/m·℃）；

E——材料在工作温度条件下弹性模量（N/mm^2）；

ΔT——管道工作温度与安装温度之差（℃）。

3.4 管道水力计算

3.4.1 管道单位长度沿程阻力水头损失，按照公式（3.4.1）进行计算：

$$i = 105C^{-1.85} \cdot d_j^{-4.87} \cdot q_g^{1.85} \tag{3.4.1}$$

式中 i——管道单位长度水头损失（kPa/m）；

C——海澄-威廉系数140；

d_j——管道的计算内径（m）；

q_g——设计流量（m^3/s）。

3.4.2 管道的局部阻力水头损失可按沿程阻力水头损失的25%计。

3.4.3 管道中的流速不宜大于2.0m/s，一般采用1.0～1.5m/s。

3.5 防冻、隔热、保温

3.5.1 建筑物的埋地引入管的覆土深度不得小于0.3m。

3.5.2 AGR管道不宜在室外明露安装。若必须要在室外明装，宜采取以下的有效遮蔽措施：

（1）在非冰冻地区，将管道布置于背阳面；

（2）加套管；

（3）缠一层胶布；

（4）水泥凝固；

（5）加金属防护罩。

3.5.3 在有可能结冻的地方安装管道时，应按照国家设计条文采取防冰冻措施。

第4章　施工与安装

4.1　一　般　规　定

4.1.1　管道在安装施工前，应具备下列条件：

（1）设计图纸及其他技术文件齐全；

（2）施工技术人员结合施工现场与业主、设计及监理公司相关的技术人员进行图纸会审；

（3）工程预算员依据施工图纸以及图纸会审记录编制材料供应计划；

（4）工程施工员依据施工图纸编制AGR管道安装方案，它主要包括工程概况、分项工程管理人员网络图、安全文明施工保证措施、质量保证措施、工期计划及保证措施、劳力计划、材料计划、机具计划、管道安装施工顺序、工程竣工验收以及工程回访服务；

（5）对工程安装操作人员进行培训，掌握基本的操作要点，并让其了解建筑物的结构，熟悉设计图纸、施工方案及其他工程的配合措施；

（6）按批准的施工方案，进行技术交底；

（7）施工现场临时设施（施工用水、用电、仓库、住宿等）完善；

（8）穿墙及穿楼板孔洞进行预留或者进行机械打孔；

（9）施工现场进行清理，防止尘土或杂物进入管道内。

4.1.2　提供的管材和管件，应符合设计规定，并仔细阅读和检查产品说明书和质量合格证书。

4.1.3　因管材及管件在装卸或运输时可能会出现表面质量问题，因此，施工人员在现场应对管材、管件作外观质量检查，如发现质量有严重异常，应在使用前进行技术鉴定或复检。若管材及管件内外存有污垢和杂物，必须清除后安装。

4.1.4　施工现场与材料存放处温差较大时，应于安装前将管材和管件在现场放置一定的时间，使其温度接近施工现场的环境温度。

4.1.5　管道系统安装过程中，应防止油漆、沥青等有机污染物与管材、管件接触。

4.1.6　管道系统安装过程中间断或完毕，所有开口应及时封堵，防止灰尘及杂物进入管道。

4.1.7 管道穿墙壁、楼板及嵌墙暗敷时，应配合土建预留孔槽。其尺寸设计无规定时，应按下列规定执行：

（1）预留孔洞尺寸宜较管外径大50～100mm；

（2）嵌墙暗敷管道，墙槽尺寸的宽度宜为 d_n +60mm，深度宜为 d_n +30mm；

（3）架空管顶上部的净空不宜小于100mm。

4.1.8 管道穿过地下室、地下构筑物外墙或屋面时，应采取严格的防水措施，增加刚性防水套管或柔性防水套管。

4.1.9 当管道穿越楼板时，宜设置钢套管或AGR套管，套管高出地面50mm，并有防水措施；当管道穿越墙壁时，宜设置钢套管或AGR套管，套管两端与墙面相平，管道与套管之间应用油麻填塞。

4.1.10 AGR管道之间的连接必须采用专用NO.80粘接剂粘接；塑料管与金属管配件、阀门等的连接应采用螺纹连接或法兰连接。

4.1.11 管道的粘接接头应牢固，连接部位应严密无空隙；螺纹管件应清洁不乱丝，螺接应坚固，并留有2～3扣螺纹。

4.1.12 管道系统的横管宜有2‰～5‰的坡度坡向泄水装置。

4.1.13 管道系统的坐标、标高的允许偏差应符合表4-1的规定。

管道的坐标和标高的允许偏差（mm） **表4-1**

项目			允许偏差
坐标	室外	埋地	50
		架空或地沟	20
	室内	埋地	15
		架空或地沟	10
标高	室外	埋地	±15
		架空或地沟	±10
	室内	埋地	±10
		架空或地沟	±5

4.1.14 水平管道的纵、横方向的弯曲，立管垂直度，平行管道和成排阀门的安装应符合表4-2的规定。

管道和阀门安装允许偏差（mm） **表 4-2**

项目			允许偏差
1	水平管道纵、横方向弯曲	每 1m	1.5
		每 10m	10
		室外架空、地沟埋地每 10m	15
2	立管垂直度	每 1m	2
		高度超过 5m	8
		10m 以上，每 10m	10

4.1.15 管道在隐蔽前，必须试压合格，必须作好隐蔽工程验收记录。

4.2 粘接连接

4.2.1 管道系统的配管与管道粘接应按下列步骤进行：

（1）按设计图纸的坐标和标高放线，并绘制实测施工图；

（2）按实测施工图进行配管，并进行预装配；

（3）管道粘接；

（4）接头养护。

4.2.2 配管应符合下列规定：

（1）断管工具宜选用细齿锯、割刀；

（2）断管时，断口应平整，并垂直于管轴线；

（3）应去掉断口处的毛刺和毛边，并倒角。倒角角度宜为 10°～15°，倒角长度宜为 2.5～3mm；

（4）配管时，应对承插口的配合程度进行检验。将承插口进行试插，自然试插深度以承口长度的 1/2～2/3 为宜，并作出标记；

（5）当管道 $d_n \geq 63$mm 时，宜用插入机将直管段插入管件中；$d_n \leq 63$mm 时，可用手直接插入。

4.2.3 管道的粘接连接应符合下列规定：

（1）管道粘接不宜在温差较大的环境下进行，操作场所应远离火源、防止撞击和阳光直射。在 －20℃ 以下的环境中不宜操作；

（2）涂粘接剂应使用鬃刷或尼龙刷。用于擦拭承插口的干布不得带有油腻及污垢；

（3）在涂粘接剂之前，应先将承插口处粘接表面擦净。若粘接表面有油污，可用干布蘸清洁剂将其擦净。粘接表面不得沾有尘土、水迹及油污；

（4）涂粘接剂时，必须先涂承口，后涂插口。涂抹承口时，应由里向外。粘接剂应涂抹均匀，并适量；

（5）涂粘接剂后，应在20s内完成粘接。若操作过程中，粘接剂出现干固，应在清除干固的粘接剂后，重新涂抹；

（6）粘接时，应将插口轻轻插入承口中，对准轴线，一次性迅速插到承口底部。插入深度至少要超过标记。插接过程中，可稍作旋转，但不得超过1/4圈。不得插到底后进行旋转；

（7）粘接完毕应即刻将接头处多余的粘接剂擦拭干净。

4.2.4 初粘接好的接头，应扶好管材、管件，不得受扭和受弯，并须静置固化一定时间（详见表4-3），牢固后方可继续往下安装。

静置固化时间 **表4-3**

	d_n≤50mm	d_n≥63mm
静置固化时间	夏季：30s 冬季：1min	夏季：1min 冬季：2min

4.2.5 在零度以下粘接操作时，应防止粘接剂结冻，不得采用明火或电炉等加热装置加热粘接剂。

4.2.6 粘接连接时的注意事项：

（1）涂胶前，必须将涂胶处清洁干净，保持干燥；涂胶时，在管插口外壁及承口内壁都要均匀涂抹，承口内壁要薄而均匀；

（2）必须使用我公司供应的专用No.80粘接剂；

（3）管道试压检漏宜采用自来水作为介质；

（4）长时间连续使用粘接剂时，请注意通风；

（5）涂胶时，建议戴好手套，避免粘接剂直接接触皮肤。

4.3 弹性密封圈连接

4.3.1 塑料管材端口应进行倒角。倒角角度不宜小于30°，厚度不宜大于管材壁厚的1/2。

4.3.2 在承口上应按照施工时的环境温度画出标志线。将测得的长度在管口部位做出标记（无标志线的承口，应量出橡胶圈后部有效插入长度的

L 值）。

4.3.3 擦净管材插口外表面和管件承口内表面，并检查密封圈的位置是否正确。

4.3.4 在管材插入端及密封圈表面涂抹润滑剂。润滑剂应采用对胶圈材料不产生腐蚀和对水质无害的材料，一般可采用经稀释的家用洗洁精。

4.3.5 用人工或管道紧伸器，沿轴线将管材插入管件承口内并插到标记位置（无施工温度标记的承口应将有效承口长度减去 2～4 倍 ΔL 的计算值，冬季施工取 $4\Delta L$，夏季施工取 $2\Delta L$）。

4.3.6 管材插入管件承口后，用塞尺在承口端部沿周边管壁进行检查。检查橡胶密封圈在管材插入后的位置是否正确。当发现橡胶圈顶歪或偏移时，应将管材拔出重新再插。

4.4 法 兰 连 接

4.4.1 当 AGR 管道与其他钢制管道连接，并且管道的公称直径 d_n 大于 63mm 时，应采用法兰连接。

4.4.2 当 AGR 管道与法兰阀门连接时，应采用法兰连接。

4.4.3 安装 AGR 法兰时，应首先校直两对应连接件，使两片法兰垂直于管道中心线，表面相互平行。

4.4.4 法兰的衬垫，宜采用无毒橡胶垫片。

4.4.5 法兰的螺栓应使用相同规格的，安装方向一致。螺栓应对称紧固。紧固好的螺栓应露出螺母之外 2～3 扣丝。螺栓螺帽宜采用镀锌件。

4.4.6 连接管道的长度应精确，当紧固螺栓时，不应使管道产生轴向拉力。

4.4.7 明装管道法兰连接部位应设置支吊架。

4.5 不同管材间的相互连接

4.5.1 塑料管与其他金属管配件采用螺纹连接的管道系统，其连接部位管道的管径不宜大于 63mm，大于 63mm 的管道系统应采用法兰连接。

4.5.2 塑料管与其他金属管连接，若采用塑料螺纹连接件时，必须采用注射成型的螺纹塑料管件，不得直接在 AGR 直管段上套丝。

4.5.3 注塑成型的螺纹塑料管件与金属管配件螺纹连接，宜采用聚四氟乙烯生料带作为密封填充物，不宜使用厚白漆、麻丝。

4.6 室内管道的敷设

4.6.1 室内明敷管道应在土建粉刷完毕后进行安装。安装前应首先复核预留孔洞的位置是否正确。

4.6.2 管道安装前，宜按要求先设置管卡。管卡的位置应准确，埋设应平整、牢固；管卡与管道接触应紧密，但不得损伤管道表面。

4.6.3 若采用金属管卡固定管道时，金属管卡与塑料管间应采用塑料带或橡胶垫片，不得使用硬的垫片。

4.6.4 在金属管配件与塑料管连接部位，管卡宜设置在金属管配件一端，并尽量靠近金属管配件。

4.6.5 AGR 管道的立管和水平管的支架间距不得大于表 4-4 的规定。

AGR 管道的最大支架间距（m） **表 4-4**

外径（mm）	20	25	32	40	50	63	75	90	110
水平管	0.8	0.8	0.9	1.0	1.2	1.4	1.6	1.8	1.8
立管	1.0	1.2	1.4	1.6	1.8	2.2	2.4	2.6	2.8

4.6.6 管道敷设严禁有轴向扭曲。穿墙或穿楼板时不得强制校正。

4.6.7 AGR 管道与其他金属管道并行时，应留有一定的保护距离。若设计无规定时，净距不宜小于 100mm。若并行时，AGR 管道宜在金属管道的内侧。

4.6.8 室内暗敷的 AGR 管道，墙槽应采用 1∶2 水泥砂浆填补。

4.6.9 在 AGR 管道中的各配水点、受力点，必须采取可靠的固定措施。

4.7 埋地管道的铺设

4.7.1 室内地坪 ±0.00 以下的埋地管宜分为两段进行。先进行室内地坪 ±0.00 以下至基础墙外壁段的铺设；待土建施工结束，外墙脚手架拆除后，再进行墙外连接管的铺设。

4.7.2 室内地坪以下管道铺设，应在土建工程回填土夯实以后，宜重新开挖进行。严禁在回填土之前或未经夯实的土层中铺设。

4.7.3 管道接口的法兰、丝扣等应安装在检查井或地沟内，不应埋在土壤中，并且法兰口距井壁的距离，不得小于250mm。

4.7.4 管沟的沟底土层应为原土层，或者夯实的回填土，其沟底应平整，坡度应顺畅，不得有尖硬的物体、块石等。

4.7.5 如沟基为岩石、不易清除的块石或为砾石层时，沟底应下挖100～200mm，再填铺细砂或粒径不大于5mm的细土，夯实并符合沟底标高后，方可进行管道铺设。

4.7.6 管沟回填，在管顶上部200mm以内部分应用砂子或无块石及无冻土块的土回填，并不得用机械回填；在管顶上部500mm以内部分不得回填直径大于100mm的块石和冻土块；500mm以上部分，回填土中的块石和冻土块不得集中，若采用机械回填时，则施工机械不得在管沟上行走。

4.7.7 管道穿过检查井壁处，应用水泥砂浆分两次填塞严密、抹平，不得渗漏。

4.7.8 AGR管在出地坪处应设置护管，其高度应高出地坪50mm。

4.7.9 AGR管在穿基础墙时，应设置金属套管。套管与基础墙预留孔上边缘的净空高度，若设计无规定时不应小于100mm。

4.7.10 AGR管道在穿越街坊或厂区道路时，覆土层厚度小于600mm时，应采取加固保护措施。

4.7.11 管道转弯的三通和弯头处，是否设置止推支墩及支墩的结构形式应由设计决定。管道的支墩不应设置在松土上，其背后应紧靠原状土，如无条件，应采取措施保证支墩的稳定；支墩与管道之间应设置橡胶垫片，以防止管道的破坏。在无设计规定的情况下，管径小于110mm的弯头、三通处可不设置止推支墩。

4.8 安全文明生产

4.8.1 施工人员进入工地，应穿戴整齐、整洁，禁止随意丢弃垃圾。

4.8.2 施工人员进入工地必须戴好合格的安全帽；登高作业必须系好安全带；还应根据需要打好防护网。

4.8.3 施工人员禁止酒后作业，禁止带病作业，禁止疲劳作业。

4.8.4 粘接剂及清洁剂的封盖应随用随开，不用时应立即盖严；严禁非操作人员使用。

4.8.5 管道粘接操作场所，禁止明火和吸烟；通风宜良好。

4.8.6 管道粘接时，操作人员宜站在上风向，避免皮肤、眼睛与粘接剂直接接触。

4.8.7 冬期施工，应采取防寒、防冻措施。操作场所应保持室内空气流通，不得密闭。

4.8.8 管道系统严禁攀踏、系安全绳、搁搭脚手板、作支撑或借作他用。

第 5 章　管道系统的检验与验收

5.1　水 压 试 验

5.1.1　管道系统水压试验的压力，应为管道系统设计工作压力的 1.5 倍，但不得小于 0.6MPa。

5.1.2　水压试验必须在粘接连接安装 24h 后进行。每次的管道总长度不宜大于 800m。

5.1.3　水压试验之前，对试压管道应采取安全有效的固定和保护措施，但接头部位必须明露。

5.1.4　加压宜用手压泵，泵和测量压力的压力表应装设在管道系统的底部最低点（不在最低点时应折算几何高差的压力值），压力表精度为 0.01MPa。

5.1.5　水压试验的步骤

（1）将试压管道末端封堵，缓慢注满水后，排出管内空气，封堵各排气出口；

（2）进行水密性检查；

（3）缓慢升压，升压时间不应小于 10min；

（4）升至规定试验压力后，停止加压。在试验压力下稳压 1h，检查管道系统是否有渗漏现象；

（5）稳压 1h 后，压力降不得超过 0.05MPa。然后在工作压力的 1.15 倍状态下，稳压 2h，压力降不得超过 0.03MPa，同时检查各连接处不渗不漏为合格。

5.1.6　直埋在楼面层内或墙体内的管道，可分支管或分楼层进行水压试验，试压合格后土建即可继续施工（试压工作必须在面层浇捣或封堵前进行，达到试压要求后，土建方能继续施工）。

5.2　清洗与消毒

5.2.1　给水管道系统在验收前应进行通水冲洗。冲洗水总量可按系统进水口处的管内流速为 2m/s 计，从下向上逐层打开配水点龙头或进水阀进行放水冲洗，放水时间不小于 1min，同时放水的水龙头或进水阀的放水流量不应大于该管段的设计当量的1/4。放水冲洗后切断进水，打开管道系统最低点的排水口将管道内的水放空。

注：冲洗水水质应符合《生活饮用水卫生标准》。

5.2.2 管道冲洗后，建议用含20~30mg/L的游离氯的水灌满管道，对管道进行消毒，消毒水滞留24h后排空。

5.2.3 管道消毒后打开进水阀向管道送水，打开配水点龙头适当放水，在管网最远配水点取水样，经卫生监督部门检验合格后方可交付使用。

5.3 竣工验收

5.3.1 竣工验收时，应出具管材、管件出厂合格证书或检测报告，以及进场查验报告。

5.3.2 直埋管道应有隐蔽验收报告。检验项目包括：管槽是否平整，有无尖角突出；管材、管件的公称压力等级是否符合设计文件要求。

5.3.3 隐蔽式安装的管道应有隐蔽验收报告。检验项目包括支、吊架间距离是否符合规定。支、吊架应牢固不得有松动。补偿管道伸缩的措施应符合设计文件要求。

5.3.4 明设管道验收时，应检查支、吊架间距和形式是否符合设计和施工的要求。

5.3.5 水压试验资料的要求：

（1）施工单位提供的水压试验资料，必须满足设计要求；

（2）隐蔽工程的暗管，必须提供原始试压记录和见证人签字；

（3）试压资料不全或不合规定，必须在验收时重新试压；

（4）原始试压资料齐全，并符合验收要求，可作为正式验收文件之一。

5.3.6 竣工验收时，应具备以下资料文件：

（1）施工图，竣工图与设计变更文件；

（2）管材，管件和质保资料的现场验收记录；

（3）隐蔽工程验收记录和中间试验记录；

（4）水压试验和通水能力检验记录；

（5）生活饮用水管道冲洗和消毒记录，卫生防疫部门的水质检验合格证；

（6）工程质量事故处理记录；

（7）工程质量检验评定记录。

5.3.7 竣工质量应符合设计要求和本规定的有关规定。

5.3.8 验收时还应包含下列内容：

（1）管道支、吊架安装位置的准确性和牢固性；
（2）保温材料厚度及其做法；
（3）各类阀门及配水五金件启闭灵活性及固定的牢固性；
（4）同时开放的配水点，其额定流量是否达到设计要求；
（5）坐标、标高和坡度的正确性；
（6）连接点或接口的整洁，牢固和密封性。

第 6 章　技术及经济效益分析

6.1　AGR 与其他管材的性能比较

6.1.1　AGR 与金属的比较

金属管一般来说可以充分满足短期的性能要求，但其价格较高，长期使用会因生锈和腐蚀而使部分管道产生损伤。AGR 与金属管相比，能够长期满足管道系统的性能要求，经济性能较好，是您合理的选择。参见表 6-1。

AGR 与各种金属管材性能的比较表　　　　**表 6-1**

用途		冷水	冷水/热水	冷水	冷水/热水	冷水/热水
比较项目	单位	AGR	铝塑复合管	国内钢塑复合管（LP）	铜管（硬质）	不锈钢管
材质		AGR	铝复合	PE 等涂层	Cu	SUS
密度	g/cc	1.4	* * *	* * *	8.9	7.9
拉伸强度	MPa	50	59~108	* * *	375	650
延伸率	%	140	25	* * *	8	57
线膨胀系数	$℃^{-1}$	6×10^{-5}	2×10^{-5}	* * *	1.77×10^{-5}	1.7×10^{-5}
热传导率	W(m·k)	0.15	237	* * *	392	17.1
管种尺寸（mm）		20~110	10~50	15~100	8~150	8~300
管的构造		AGR	变性PE粘接 铝 高耐热PE 高耐热PE	PE等 配管用炭素钢钢管	Cu	SUS
连接方法		粘着连接 RR 连接	金属接头	螺纹	金属接头 热熔连接	冲压
适用的流速（m/s）		0~3.5	0~3.5	0~3.5	0.5~1.5	0~2.0
耐水质性		○	○	○	受水质限制含氯素浓度则发生腐蚀	受水质限制含氯素浓度则发生腐蚀
水质卫生性能		◎	◎	有赤水发生的现象	有发生绿水的现象	◎

续表

用途	冷水	冷水/热水	冷水	冷水/热水	冷水/热水
耐腐蚀性能	◎	◎	○	△发生孔蚀、应力腐蚀	△发生孔蚀、溃蚀
长期耐久性	◎	△	○	△	◎
低温冲击性能（－10℃）	◎	△容易变形	△ 有内面层剥离的现象	○～△脚踏的程度没有问题	○
重量轻	◎	○	×	×	×
温度适用范围	40℃以下	95℃以下	40℃以下	95℃以下（最好在50℃以下）	100℃以下（最好在60℃以下）
冻结膨胀破损	○	× 有破损现象	△ 连接部有破损现象	× 有破损现象	× 有破损现象
施工方法	TS 连接（使用粘结剂）	紧固连接	螺纹连接	用火焊接 需要专用工具	连接法多样 需要专用工具
安装作业性	容易 须严守作业标准	○容易 配管自由度大 手弯曲可保持形	须要熟练作业 须要作业空间	△须要熟练作业 注意烟火 注意座屈变形	△须要熟练作业 须要作业空间
连接可靠性	◎按插入度有可能统一管理	△有尺寸精度及规格引起的漏水隐患	△受作业熟练度影响 须要有防腐蚀措施	△焊接连接部有漏水隐患	△受作业熟练度影响
伸缩处理	○不要伸缩处理(长距离直线配管时要另定)	○伸缩处理不要（直线 10m 以内）	○不要伸缩处理	△伸缩处理必要	△伸缩处理必要
环保（回收材料）	回收	难回收	难回收		
价格（参考值）	140 元/户	330 元/户	225 元/户		

6.1.2　AGR 与塑料管的比较

一般的塑料管都存在强度不足的问题，使用及施工时容易出现破损。另外，PP－R 的热伸缩较大，需要作适当的处理。在当塑料管材使用的原料不当、或者生产工艺不合理等原因，都会使不合格的产品泛滥于市场，常常会导致更大的损害。而 AGR 与这些塑料管相比，发生破损的危险性极小。它的原料以及生产工艺方面都能确保品质，是一种可以放心使用的给水管材。参见表 6-2。

AGR 与常用塑料管材性能的比较表 **表 6-2**

用途		冷水	冷水	冷水/热水
比较项目	单位	AGR	PVC－U	国内 PP－R
材质		AGR	PVC	PPR
拉伸强度	MPa	50	54	30
延伸率	%	140	150	350
线膨胀系数	$℃^{-1}$	6×10^{-5}	8×10^{-5}	16×10^{-5}
热传导率	W/（m·k）	0.15	0.24	0.23
管径尺寸（mm）		20～110	13～300	20～110
管的构造		AGR	PVC-U	PP-R
连接方法		粘着连接 RR 连接	粘着连接 RR 连接	热熔连接
适用的流速（m/s）		0～3.5	0～3.5	0～3.5
耐水质性		○	○	○
水质卫生性能		◎	○	◎
耐腐蚀性能		◎	◎	◎
长期耐久性		◎	△	△
低温冲击性能（－10℃）		◎	×	×寒冷时容易破裂
重量轻		◎	◎	◎
温度适用范围		40℃以下	40℃以下	按照规格
冻结膨胀破损		○	×	×有破损的现象
施工方法		TS 连接（使用粘结剂）	粘接连接	热熔连接
配管作业性		容易 须严守作业标准	容易 须严守作业标准	○比较容易 注意烟火
连接可靠性		◎按插入度有可能统一管	△连接强度不安定	△受焊接条件的影响
伸缩处理		○不要伸缩处理（长距离直线配管时要另定）	○不要伸缩处理（长距离直线配管时要另定）	×要伸缩处理
环保（回收材料）		回收		回收
价格（参考值）		140 元/户		

6.2 施工与安装的比较

AGR 的施工方法见附录 B。不需要用电、煤气等特殊工具，只要遵守基本的规则，不需要特殊技能，一般人都能操作施工。

金属管大多数因为要焊接和紧固需要特殊的工具。材质本身较重，施工不便。

塑料管的代表性例子 PP－R，连接时需要电，对于施工者来说需要备齐专用工具（施工要点见附录 B）。

6.3 管道初投资与运行管理费用的比较

6.1 节的比较表中列出了每一户的概算价格，可作为初期投资的一个参考。但是管材的费用因原料价格、安装以及交易条件的不同有很大变化。我们强烈推荐根据需求做出报价的形式。初期投资的价格定位大概如下：PVC < PPR < AGR < LP < CU < PAP < SUS。根据成本和各个建筑物的要求性能可选择适当的管材。但是，在管材的性能要求中必须充分考虑到其长期使用寿命和可靠性。

以下是用于自来水管道时所必须满足的性能：

（1）使用时漏水率低。建筑给水配管中，基本上需要确保不发生漏水，对居住环境不产生危害；

（2）有充足的使用寿命。原则上要保持与建筑物同寿命，并始终能够维持洁净卫生使用的状态；

（3）具有必要的外力耐久性。一般管可能受到的外力，比如因气温变化引起的伸缩、因水锤震动的冲击、施工时受到的冲击力等不会破损。

为了实现以上功能需要采用符合以下条件的管材：

（1）使用的原料有保障；

（2）管的厚度要符合标准的规定；

（3）管件的连接方式要简单且可靠性高；

（4）管材的耐冲击性高；

（5）长时间（一般 50 年以上）材质不发生变化；

（6）长时间（一般 50 年以上）持续受到压力也不会破坏。

关于管材的运行管理费用，根据不同的管种其防锈处理和管内清洁的频率不同，费用也或多或少会有一点的差异。但管道系统关键是看有无破损漏水现象。

关于给水管道系统破损漏水时所造成的损失影响因素，应包括：

（1）补修作业所需的时间和费用损失，至少是管道系统初期投资的 20%；

（2）对室内装修以及家具的损坏可为配管初期投资的数倍；

（3）租赁公寓的租金损失至少为管道系统初期投资的 10 倍。

一旦管道系统发生漏水现象，其损失金额不仅与管材的费用无法相比，对居民带来的不便更是非常之大。在当今人民生活水平普遍提高，对装修及家具要求不断提高的情况下，物业公司和开发商的压力不断增大，因此，恰当地选择给水管材形式也越来越突显出它的重要性。

附录 A　常用 AGR 管道接点安装推荐示意图

1. $d_n \leqslant 63$mm 的管材与其他管材或管件的连接（宜采用丝扣连接）

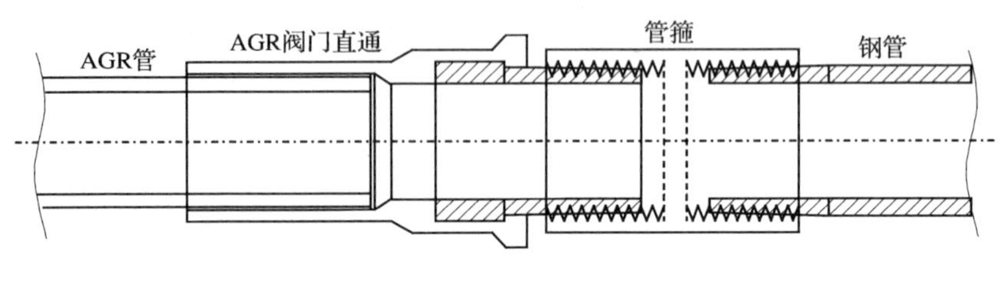

附图 A-1

2. $d_n \geqslant 63$mm 的管材与其他金属管材的连接（宜采用法兰连接）

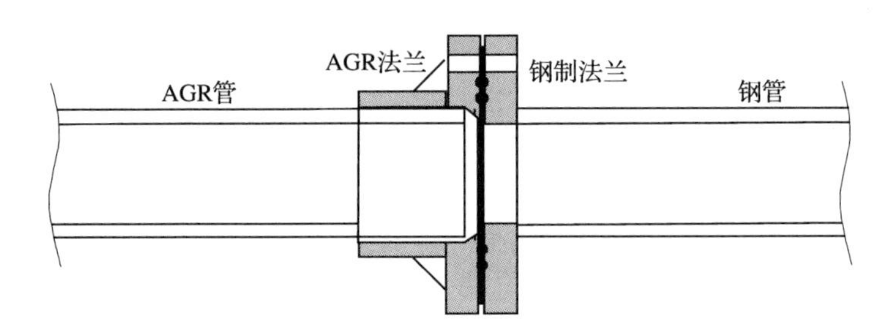

附图 A-2

3. 与水龙头的连接

（1）使用龙头弯头连接

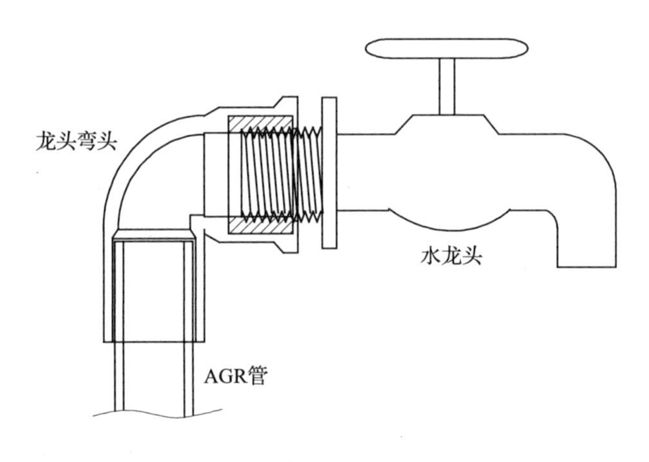

附图 A-3

（2）使用龙头直通连接

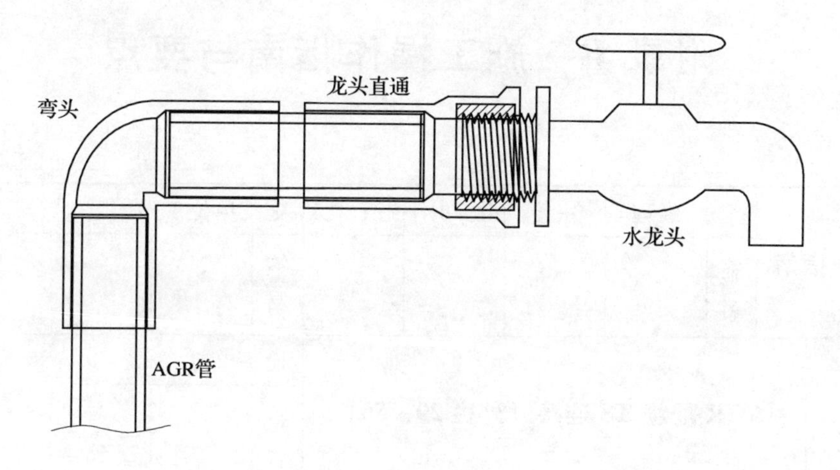

附图 A-4

4. 与丝扣阀门的连接

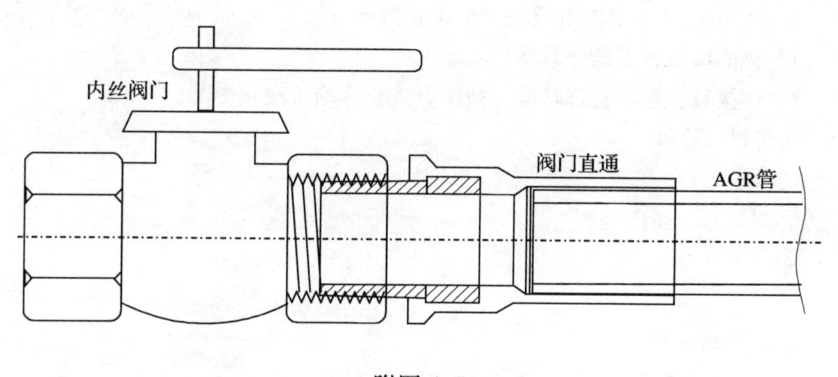

附图 A-5

5. 与螺纹水表的连接

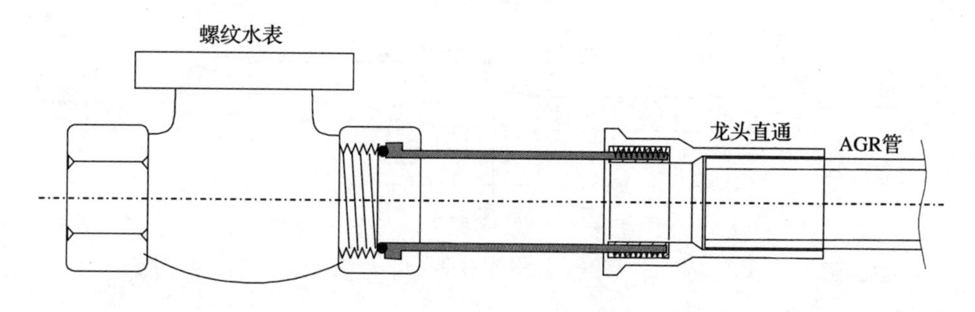

附图 A-6

附录 B　施工操作指南与要点

现场名称＿＿＿＿＿＿＿＿＿＿　　　　　　　　　　　　日期　　　年　　月　　日

<table>
<tr><td rowspan="2">施工操作指南</td><td></td><td>经理</td><td>主任</td><td>设备主任</td><td>施工工人</td><td colspan="5">施工单位</td></tr>
<tr><td>签名</td><td></td><td></td><td></td><td></td><td>签名</td><td></td><td></td><td></td><td></td></tr>
<tr><td rowspan="2">AGR－1</td><td colspan="5" rowspan="2">AGR 配管 TS 连接（外径 20～50）</td><td colspan="5">设备单位</td></tr>
<tr><td>签名</td><td></td><td></td><td></td><td></td></tr>
</table>

● 主旨　　为了防止管道的拔掉或渗漏，按照以下的方法施工。

● 注意项目
1. 使用 AGR 管材和管件、不要用其他管材和管件。
2. 使用跟 AGR 管材和管件合适的粘接剂（ESLON No. 80）。
3. 提前填写施工操作指南。
4. 连接后、施工管理基准、做压力试验、确认没有渗漏。

● 使用工具
①管材、管件
②剪子
③倒角器（断面处理）
④尺子
⑤白色的油笔
⑥粘接剂
⑦干布

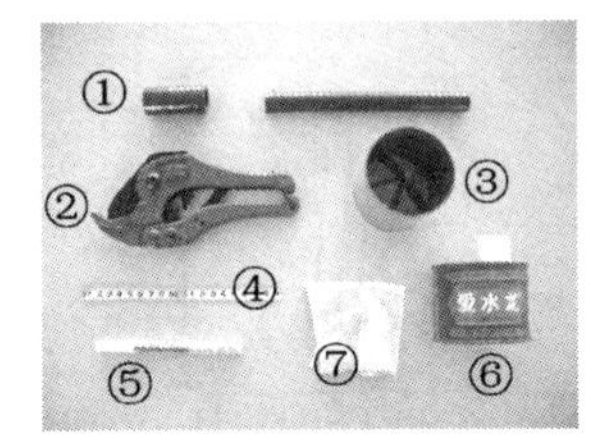

附图 B-1

● TS 粘接原理

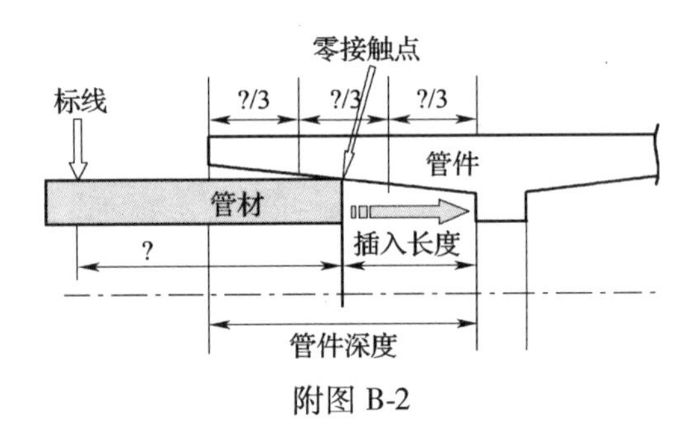

附图 B-2

- 涂上粘接剂之前，确认管材和管件的插入深度
- 按照设计、轻轻插入时、管材在管件深度的1/3到 2/3 处停下来（零接触点）。
（如果不符合上述条件，请换管件）

● 粘接剂使用上的注意

为防止因有机溶剂而造成中毒和火灾，请在施工现场充分换气、并避开烟火。

施工要点

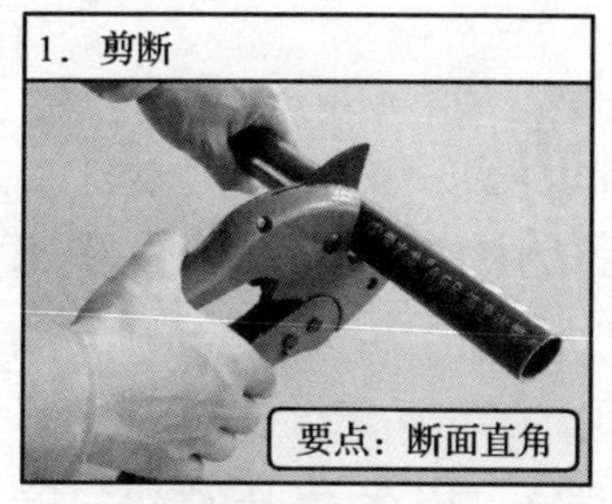

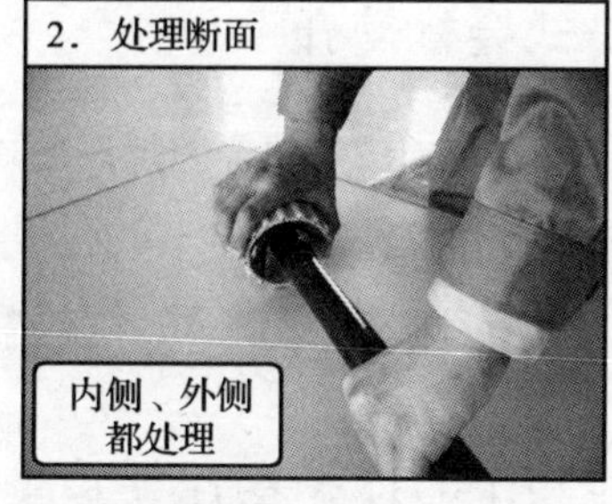

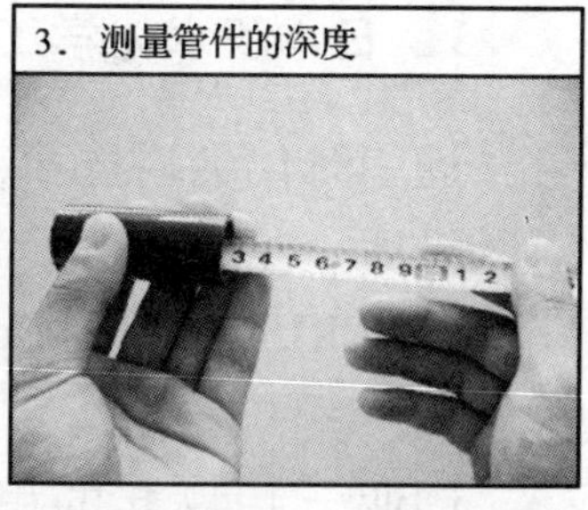

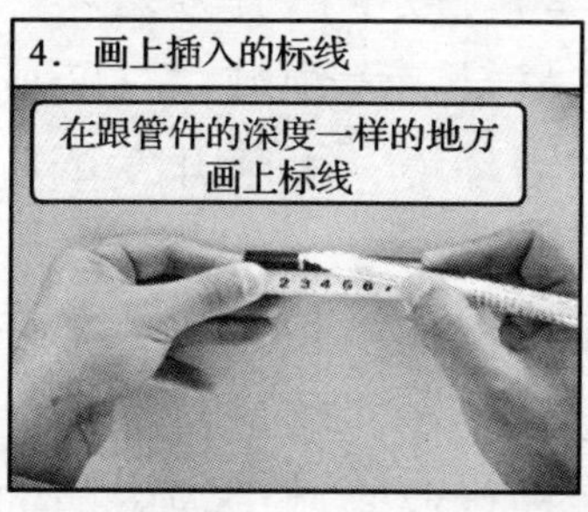

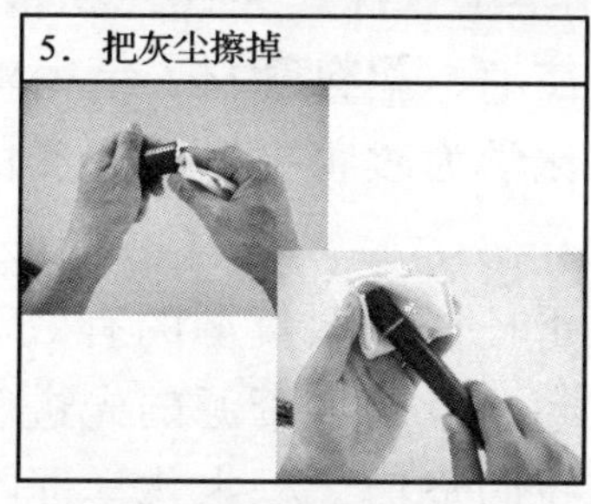

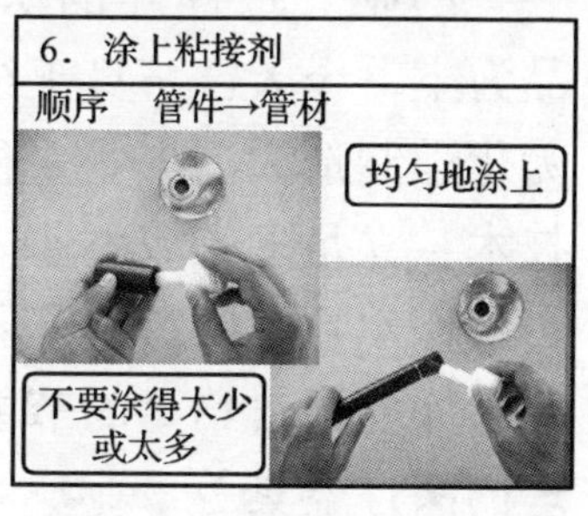

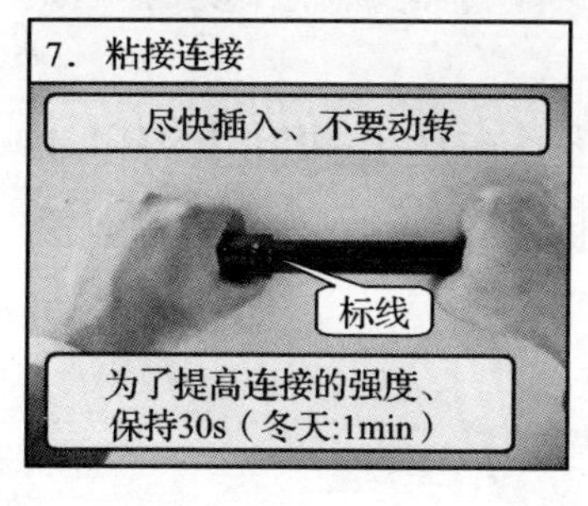

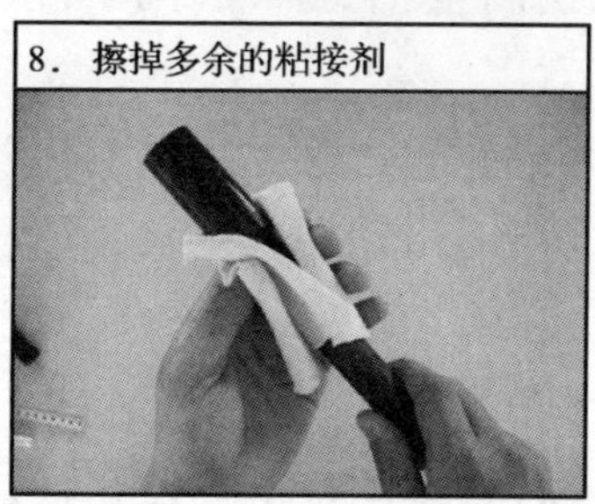

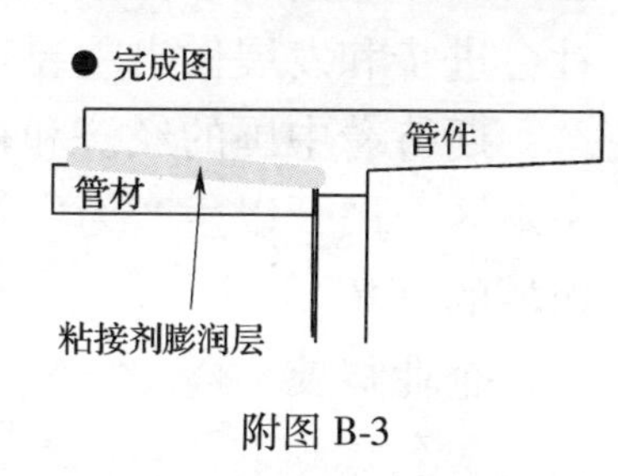

附图 B-3

附录C 公 司 介 绍

1. 日本积水化学工业株式会社简介

运用时代尖端技术，创造优质生活和完善社会基础设施。

舒适、便利的生活源于完善的社会基础设施，为富足社会基础设施，积水化学（SEKISUI CHEMICAL GROUP）一直秉承尖端技术，提供全方位的产品服务。

创业于1947年的积水化学工业株式会社（积水化学），以生产开发塑料产品为主，今天已跻身于组装住宅、塑料管材、精密塑料材料三大领域，一跃成为化学制造大型企业。积水化学为改善提升全人类的生活环境，不断开发革新技术，立足多领域事业。

积水化学的特色是着眼于环保和对资源的有效利用。例如：积极致力于开展诸如能源自给型的节能住宅、节约水资源的先进管道系统、能够进行焚烧处理的医疗器具等事业。由此我们坚信，积水化学能在多种行业领域中为中国的社会进步和发展做出重要贡献。

期待着中国的经济和社会的更大发展，积水化学已经在从大连到上海的10个地区，展开以生产为主的业务。此外，积水化学还不断致力于更多新兴业务领域的开拓。

企业概要

名称	积水化学工业株式会社
成立	1947年3月3日
资本	76.9亿人民币
总经理	大久保 尚武
员工人数	17002名（2005年3月）
销售额	612.9亿人民币（2005年3月）

2. 积水青岛公司简介

积水（青岛）塑胶有限公司是由日本积水化学工业株式会社与青岛建设集团置业有限公司共同投资建立的中日合资企业，主要开发、生产和销售世界一流的AGR塑料管材和管件。公司位于青岛经济技术开发区黄河西路建设工业园，总投资1200万美元，注册资本605万美元，年生产能力4500余吨。

附图 C-1　积水（青岛）塑胶有限公司

公司从日本引进先进的生产技术并配备了整套专用挤出生产线、模具、生产技术及工艺，生产 AGR 供水管道系统。这种管道比普通管材具有耐冲击性强、耐压强度高、粘接强度高、抗老化、抗震性能好、使用年限长等突出优点，是自来水、工业、化工、电子、食品和饮料行业的首选管材。产品全部采用日本积水化学工业株式会社 AGR 原料，生产从 20～110mm 的各种管材和 100 余种管件，质量完全符合日本 JIS J6741、JIS K6742 标准及 WHO 的卫生标准。另外，2006 年 3 月份公司的产品单独取得了《给水用丙烯酸共聚聚氯乙烯管材及管件》建设部行业标准，得到了中华人民共和国建设部的认可。

公司秉承 50 年生产、销售塑料管材的技术、经验和管理理念，服务社会，追求卓越，为顾客提供优质的产品和服务。

附录 D　施工注意事项

1. 埋地 AGR 管的伸缩处理

问：埋设以 TS 工法连接的 AGR 管时，是否需要伸缩处理？

答：

（1）关于埋地管的伸缩处理

影响管路伸缩的因素，首先考虑到的是“温度差”。聚氯乙烯管的线性膨胀系数是钢管的 6 倍左右。埋设的管道由于与土的摩擦力阻止了伸缩，管内部产生热应力。

通常的自来水系统埋地深度是 1.2m，受外界温度的影响没有外露管线那么大。发生应力与管的强度相比比较小。但是，在实际的管道施工中，由于地基状况、回填土方式及其他因素的影响，会使管道产生沿管纵向的弯曲，弯曲产生的管张力作用于管线。另外，布设前的管体温度（因日光直射产生的温度上升等）及布设后的地表温度与水温不同引起的管体温度差产生的伸缩变形也应该考虑到。

为了吸收这些力，TS 工法中需要每隔 30 ~ 50m 加一个伸缩管件来吸收伸缩。

顺便说一下，在自来水设施设计指导解说中也有这样的提示：“埋地用 TS 管件的硬聚氯乙烯管时，根据需要必须设置伸缩管件”：“通常每间隔 40 ~ 50m 设置伸缩管件比较理想”。

套袖型的连接适合这种伸缩管件。

（2）AGR 管的伸缩和热应力计算

伸缩量与热应力的一般计算公式。

由温度差 $\Delta\theta$ 引起的伸缩量 Δl 是：

$$\Delta l = \alpha \cdot L \cdot \Delta\theta \qquad \text{（附 D-1）}$$

式中　α——线膨胀系数 7×10^{-5}/℃；

L——管长（m）；

$\Delta\theta$——管的温度变化量（℃）。

温度差为 $\Delta\theta$ 时的热应力是：

$$\sigma_{\theta} = E \cdot \alpha \cdot \Delta\theta \qquad \text{（附 D-2）}$$

AGR 管的材料弹性模量 E 根据温度变化而变化，20℃时的值是 $3.4\ \times 10^{-4} kg/cm^2$。

附图 D-1 套袖型连接〈75～150mm〉

埋地管道除了上述因素以外，地震时以及软弱地基等因素也会产生各种各样的应力。将这些问题都综合细致考虑，应在管道系统的每个连接口上，采用可弯曲、带有插入口余量的弹性密封圈连接方式，就可以设计出较安全的管道系统。另外总体来看这种方式也比较经济。

2. AGR 管件的耐热性及施工时的注意事项

问：AGR 管件的耐热性怎么样?

答：

AGR 是一种常温给水管。在国家标准定义中，给水管输送介质的温度范围为不超过 45℃。当介质温度在 46～60℃之间时，请随时注意温度－压力相关关系。

注意事项：

尽管连接水龙头用的嵌件管件和 AGR 管材都处在同一温度下使用，但在热源附近通过时，由于金属器具的导热性，插入部分的树脂有时可能软化膨胀而被破坏。

【例 1】

煤气灶台上如果有水龙头的话，水龙头被加热时，水龙头和连接处的管件有可能会超过 60℃。如果是这样的布管方式请不要使用 AGR 管件。

【例 2】

由于浴室水的加热温度过高，而使水龙头受热，水龙头和连接处的管件有时会超过 60℃。为避免这种危险的发生，请不要使用 AGR 管件。

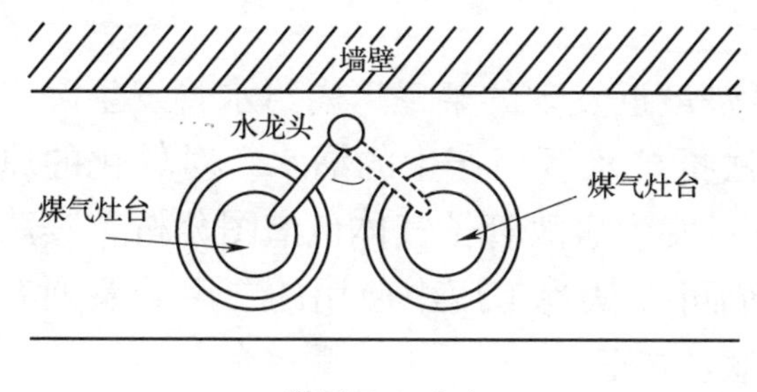

附图 D-2（*a*）

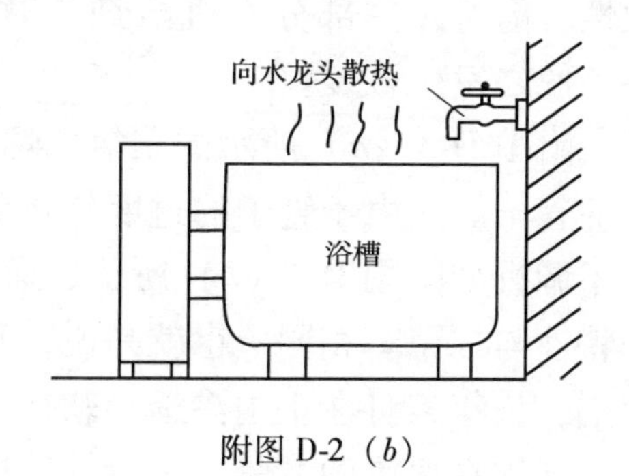

附图 D-2（*b*）

3. 完工检查时的注意事项

完工检查呢？

问：AGR 管的完工检查，一般是通过水压试验，能否用气压试验代替水压试验呢？

答：

除了建筑物内的排水管，因压力很低，仅 0.35kgf/cm^2（空气协调卫生工学会规范 HASS206）可用气压试验以外，均不得以气压试验代替水压试验。否则是非常危险的。

水是不可压缩性的，在管内充满水后只要补充少量的水，就可达到所定的水压。针对这一点，由于空气是可压缩的，所以管线的容积乘以所设定的压力值空气的数量，即：假设实验管线的容积为 1m^3，设定的压力为 10kgf/cm^2，则需要大约 10m^3的空气。

试压过程中如果接头部位漏气或者管子破损时，被压缩的空气就会喷射而出，这是非常危险的。

4. 关于有机溶剂

问：埋设在土地中的 AGR 管材，如果由于某种药品而溶解、变软，或者管子出现小洞，遇到这些情况该怎么办？

将板或龙骨的防腐剂涂抹于 AGR 管材或者管道的话，有时会产生皲裂，针对这个有没有好的对策？

答：

（1）原因

大家都知道 AGR 管材（硬聚氯乙烯管）有耐酸、碱及金属盐类等的耐腐蚀性。但是，一部分有机溶剂长时间存在于管材、管件周围，还是会软化管件，使之发生皲裂。

附图 D-3（*a*）所示的聚氯乙烯管是最近发现的某工厂内给水管发生漏水事故的管子。是由于管子的过度软化无法抵抗水压而产生的漏水。对软化的原因作了调查如附图 D-3（*b*）所示，通过对发生事故管子气体色谱图分析，其药品的特性与二甲苯相同。也就是说，我们可以认为工厂中使用的二甲苯系列有机溶剂，长年累月在土中渗透会软化聚氯乙烯管。

同样在房屋的龙骨上等涂抹防腐剂也会发生同样的现象。防腐剂一般使用杂酚油，而杂酚油中含有的苯类，则是发生此现象的原因。布管结束后涂上防腐剂，然后同时在聚氯乙烯管上涂抹的例子也常有，这对聚氯乙烯管施工来说简直是不应该的。

（2）有机溶剂对策

下水道施行令第9条中，把下水管以及对施工有有害影响的工业废弃物排出时，要设置清除设备，这作为工厂的义务进行了规定。在有危害管材安全的化学药剂的地方，比如干洗店、涂料店、加油站、机械工厂等周边埋管时，如果是埋设深度较浅的自来水管，请使用聚氯乙烯钢塑复合管之类的不受有机溶剂影响的管材。

另外，请注意不要将防腐剂（杂酚苯油）、防虫剂（白蚁驱除剂）等涂抹于聚氯乙烯管上，或者直接接触涂抹后的龙骨，这样的布管方式是不可取的。

如果要在AGR管外壁上涂抹快干有机溶剂防腐剂做防腐处理时，那最好的办法是将AGR管放在软管套管里面，加以保护，以免防腐剂与AGR管直接接触。

另外，乳化类农药的原液也和溶剂类有同样的腐蚀性。但是，稀释后的溶液没有问题。

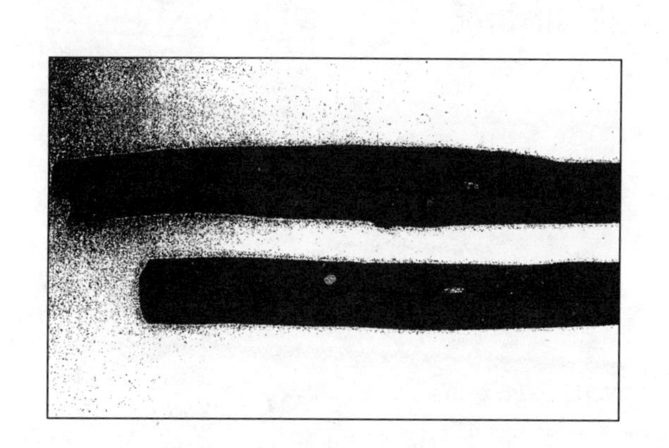

附图 D-3（*a*）软化的聚氯乙烯管

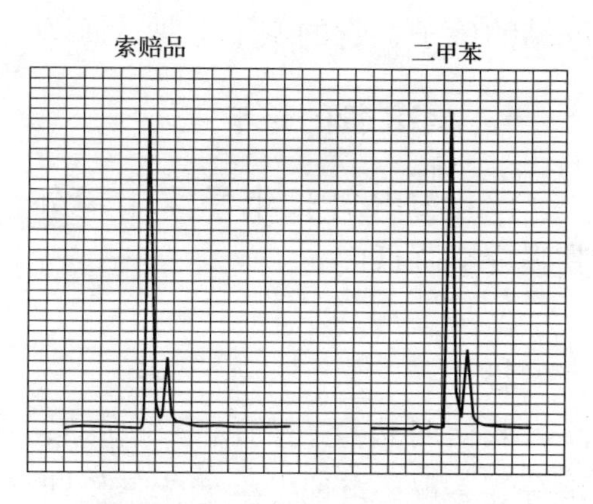

附图 D-3（*b*）气体色谱图分析例

5. AGR管的冬季使用方法

问：在气温为－5℃的冬季，AGR管施工时的注意事项是什么？

答：AGR管在冬季施工时，主要应注意以下三点：

（1）关于冲击性

聚氯乙烯管的耐冲击强度如图附D-4所示，有随温度的下降，强度也随着下降的倾向。因此，在冬季使用管材时，将管材抛掷等不良操行为可能会使管材发生破裂。

（2）关于 SC

粘接连接时，气温如果达到 5℃以下，因粘接剂内含有的溶剂的影响，管材和管件有时会破裂。因此，粘接连接时粘接剂的涂抹方式要注意以下几点：管件接口要涂抹的轻薄均匀；插口处要比接口处多涂抹，管件内壁注意不要残留粘接剂。

另外，SC 防止法中，保持管材中管的两端开放、通风，以及要防止因管材的弯曲等所引起的应力的产生。

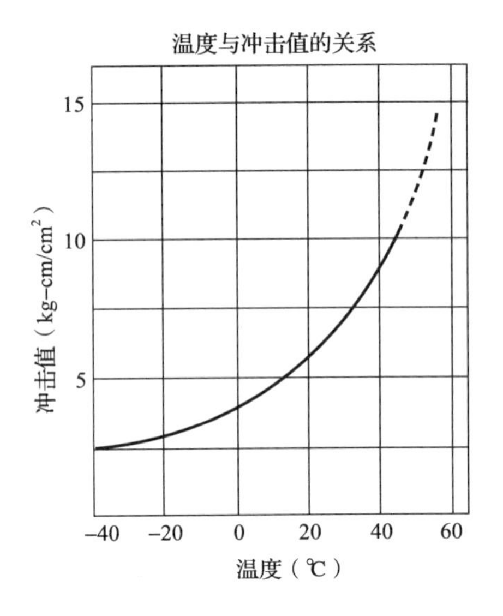

附图 D-4

（3）关于覆土

埋设管线时，标准工法是在管周围填充优质的土，然后将土压实。如果在冬季，会发生砂土冻结、积雪混入的情况。请绝对不要使用这些砂子。如果使用冻结的砂子，管的变形会加大而发生管破损的情况。

6. AGR 管的长年变化

问：AGR 管长年暴露于屋外，表面会变成白色，其强度会降低吗？

答：

我们身边存在的所有物质都会因为光、热、氧气、水分等一点一点地发生变化。长期将聚氯乙烯管置于屋外而变白，是因为受光照射部分因紫外线的作用发生分子反应，脱盐酸以及分子的交联反应而产生的。使管的表面很薄一层（大约 0.1mm）的物质发生变化。将某药品工厂的工业用水给水管作为一个调查实例，如下表 1 所示的管道状况，从经过 18～19 年暴露于屋外的管中抽取试验的结果，与新管作了比较，其拉伸强度稍有上升，延伸性下降了 20%～30%（延伸性下降的话，对于承受外部的冲击力会相应的减弱）。

水压和扁平实验的数据显示，不管是 20 年裸露于屋外的管道还是以其他形式安装的管道，从实用性来看，都具有足够的强度。

尽管如此，使用聚氯乙烯管时还是要避开日光直射的地方，这是管道的基本要求。不得已的情况下，请用保温材料等进行防护。另外，长期放在屋外时，请注意使用不透明的篷布遮盖，以避免日光照射。

试验样品的管道状况 **附表 D-1**

大小	制造年	施工年	管道状况	日光照射	用途	配置期限		
						使用期间	终止期间	合计
d_n75	1954 年	1954 年	屋外管道（无涂抹）	从早上到下午 4 点左右	工业用水（井水 3kg/cm^2）	10 年	9 年	19 年
d_n100	1954 年	1954 年		从早上到下午 4 点左右	工业用水（井水 3kg/cm^2）	10 年	9 年	19 年
d_n125	1955 年	1955 年		从早上到正午左右	工业用水（井水 3.5kg/cm^2）	10 年	8 年	18 年

实 验 结 果 **附表 D-2**

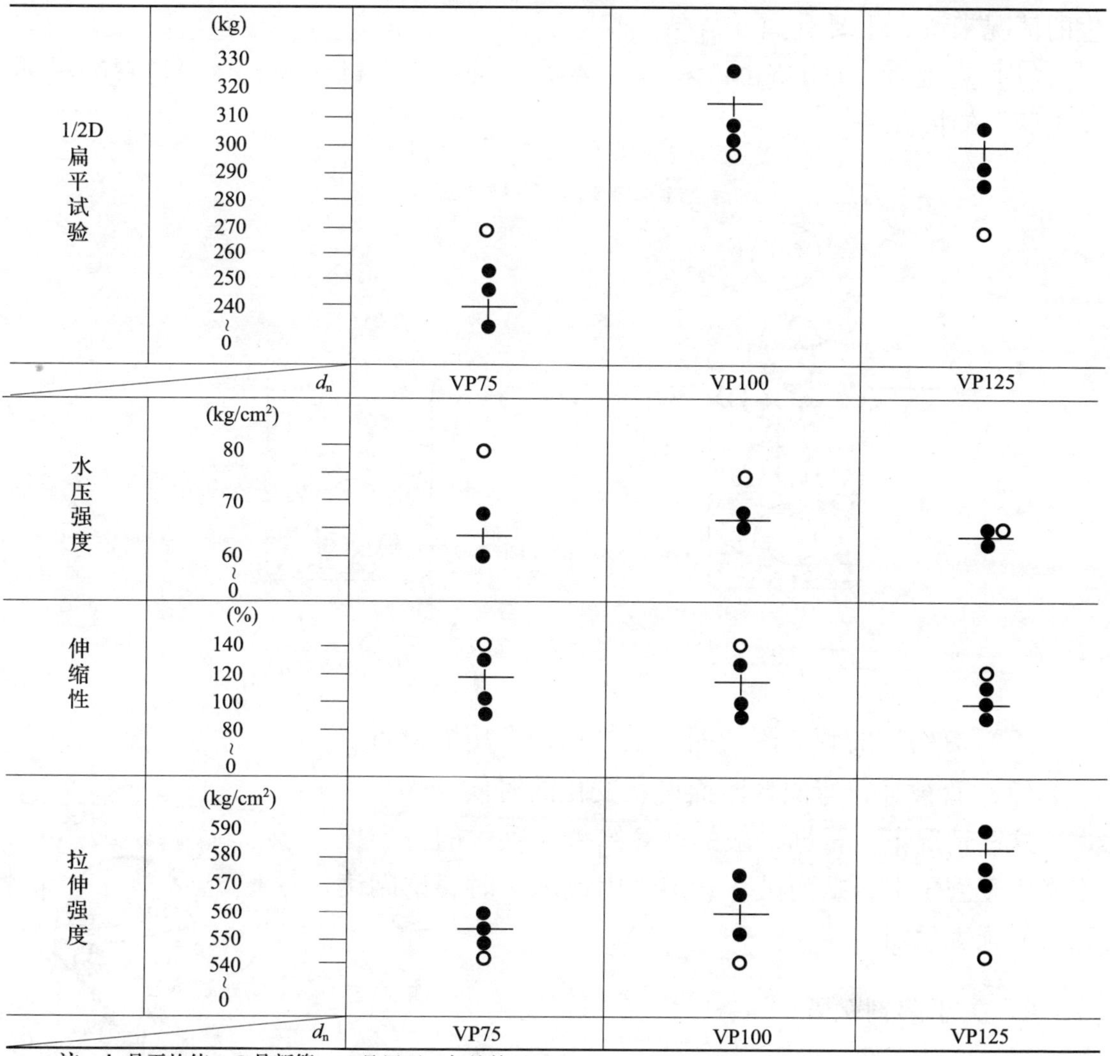

试验项目	刻度	VP75	VP100	VP125
1/2D 扁平试验	(kg) 330, 320, 310, 300, 290, 280, 270, 260, 250, 240, ~0			
水压强度	(kg/cm^2) 80, 70, 60, ~0			
伸缩性	(%) 140, 120, 100, 80, ~0			
拉伸强度	(kg/cm^2) 590, 580, 570, 560, 550, 540, ~0			

注：＋是平均值；○是新管；●是用了19年的管子。

7. 关于应力集中

何谓应力集中？

问：技术资料等常能看到“应力集中”这个词，是什么意思呢？

答：

应力集中是材料力学上的用词，概括定义如下：将同样断面的棒拉伸或压缩时，应力是均一分布的，如果断面的一部分有凹凸的情况时，应力分布不会均匀，会出现应力的局部增大，这种现象称为“应力集中”。

以上说的是以含金属材料的所有材料为对象的。以聚氯乙烯管集中应力发生的情况来看，主要有如下情况：

（1）埋地管。管的周围有石头、木屑（桩木、方材、桩子）等，管的局部发生变形的情况。

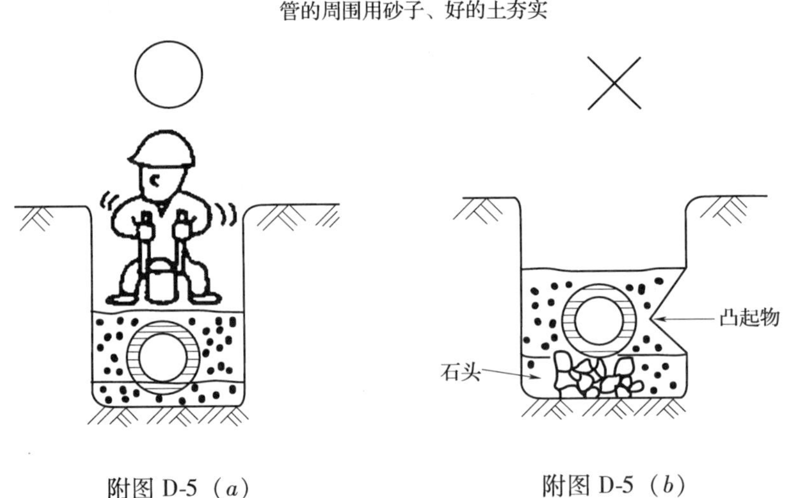

附图 D-5（*a*）　　附图 D-5（*b*）

（2）有伤痕的管。因伸缩产生的拉伸和压缩荷重。

（3）管被强行弯曲，断面形状变化的时候。

这些情况下，根据一般的计算结果，巨大的应力作用发生于管子上，从而破坏管道。因此施工时，请阅读相关的施工手册。

8. 关于溶剂皲裂

问：溶剂皲裂是什么？

另外，溶剂皲裂的对策是什么呢？

答：

（1）所谓溶剂皲裂：

所谓溶剂皲裂 S. C（solvent crack）是一种压力裂缝，加入溶剂时发生于管材的小裂缝。皲裂的破断面呈现黑曜岩的破断面或者贝壳的条形花纹，并具有光泽。

（2）溶剂皲裂发生的主要原因

如果是硬聚氯乙烯管，同时加上以下 3 个要素时会发生溶剂皲裂。

- 5℃以下的低温；
- 应力（内部应力、弯曲应力）；
- 溶剂的存在（粘接剂、防腐剂等）；

因此冬季配管时尤其需要注意。

（3）对策

1）配管后要保持管内的通气性。比如，用风机等进行通风处理。

2）漏出的粘接剂用废布纱头等擦拭干净。

3）请不要使用过度弯曲的管材。

9. 关于熔接线及合模缝

问：AGR 管件产品表面出现的线被称为“熔接线”，或者“合模缝”，那么使用中会不会出现从这条线裂开的情况呢？

答：

AGR 管件产品中，一定会出现“熔接线”及“合模缝”。下面来说明这条线是如何产生的。

AGR 管件的制造方法有：注塑成形法，吹塑成形法以及管材加工法等。但是作为高精度、品质稳定的制造方法，一般采用的是注塑成形法。

（1）注塑成形的工艺

将模具移动到固定模具完成封闭→熔融原料高压注塑结束→在模具中冷却→打开模具→取出产品

（2）关于熔接线

如果是注塑成形，在管件的形状模具内（外侧叫做模槽，内侧叫做模芯）、由注塑口溶解的原料通过高压注入。通过注塑口注入的熔解原料短时间内在模

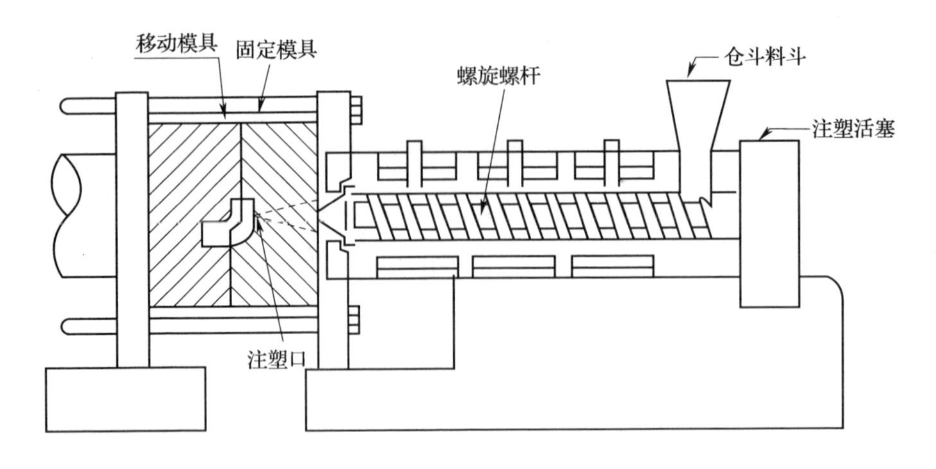

附图 D-6　注塑成形的工艺

具内左右流动，在反面结合成为一体。

但是，为了提高模具的模槽以及模芯的尺寸精度，需要时常冷却。因此，接触到模槽以及模芯的流动表面的原料会或多或少的硬化，从而在结合的时候不会完全成为一体，而呈现出线的形状。

这条线会发生在管件的内外同一个地方。乍一看这条线直通到管件的管壁内部的，实际上内部是树脂熔解后完全一体化的，当然满足 JIS 规范的耐水压（常温）40kg/cm^2。即使加到爆破的水压，也不一定因为焊接线部分而断裂。

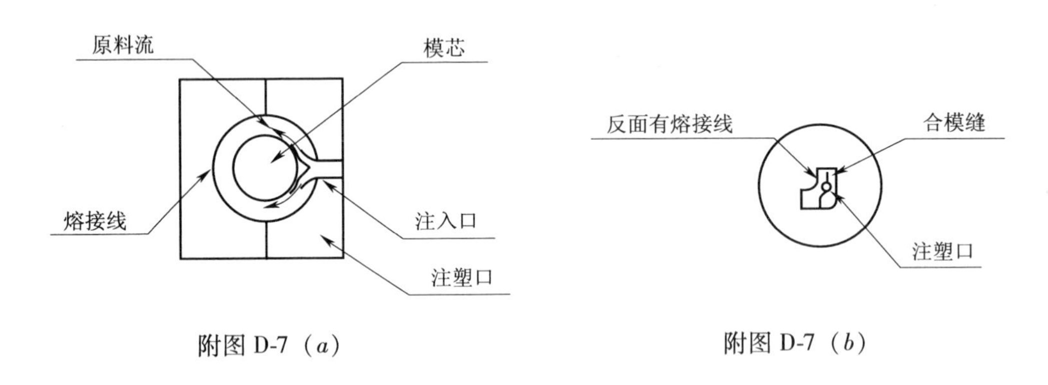

附图 D-7（*a*）　　附图 D-7（*b*）

（3）关于合模缝

为了取出模具内冷却的制品，模具做成“断裂型”。产品表面的线在模槽端左右结合痕迹处，管内部树脂熔解后完全成为一体。弯头、三通等的内面也有这条线。但是出现在圆的模芯各自结合的部位。因此，不能绝对的说是从熔接线断裂的。

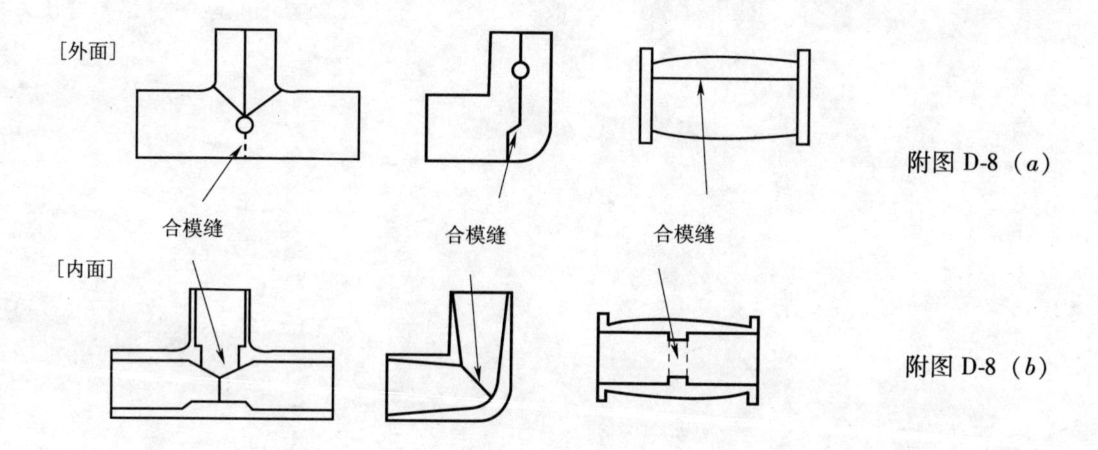

附图 D-8（*a*）

附图 D-8（*b*）